◉ 新・工科系の物理学 ◉
TKP-2

工学基礎
力　学

石井　靖・藤原毅夫　共著

数理工学社

編者のことば

21世紀に入っても，工学分野はますます高度に発達しつつある．今後も，工学に基づいた頭脳集約型産業がわが国を支える中心的な力であり続けるであろう．

工学とはいうまでもなく科学技術の成果と論理に基づいて人間社会に貢献する学問である．工学に共通した基盤の中心には数学と物理学がある．数学はいわば工学における言葉であり，物理学や化学は工学の基本的な道具である．一方で工学が急速に拡大するあまりに，工学の基礎に関する準備をなおざりにしたまま工学を学ぶことをよしとする考え方が広まっているようにも思う．しかし実際には，以前にもまして数学や基礎物理学が工学の中に深く浸透しており，物理学の知識や概念を欠いたまま工学を学ぶことはできなくなっている．例えば弾塑性論や破壊現象，流体現象，様々な電子デバイス，量子エレクトロニクスや量子情報工学の基礎としての量子力学あるいはシミュレーション技術など挙げればきりがない．新しい生命科学，生命工学，脳科学，医療に用いられる計測技術もすべて物理学の成果である．したがって工学の先端に深く関わりたいと願うならば，やはり基礎物理学を工学基礎として学ぶことが必要となる．

一方，最近の傾向として，高校の課程で物理学を学ばずに大学工学部に進学する学生が多くなっているようである．それを単純に悪いことだというのではなく，大学進学後にレベルを著しく落とすことなく大学の物理学に合流していくことができないだろうかと考えた．

以上のようないくつかの観点から全体を構成し，工学の諸分野で活躍しておられる方々に執筆をお願いしたのが本ライブラリ「新・工科系の物理学」である．

全体は3つのグループから構成されている．第I群は，工学部で学ぶための物理学の基礎を十分学んでこなかった学生のための物理学予備「第0巻大学物理学への基礎」と全体を概観する「第1巻物理学概論」である．第II群は，標準的な物理学各分野「力学」「電磁気学」「熱力学・統計力学」「量子力学」「物性物理学」を用意した．量子力学や物性物理学は，現在のところまだ限られた学科でのみ講義が行われているが，しかし30年前と比べるとその広がりは著しい．これから20年後には，このような物理学を基礎とする工学分野はさらに拡大すると考え，これらも第II群に入れた．第III群には工学基礎となる物理学の各論的分野または物理学に基礎を置く工学諸分野を配した．いわば第II群が縦糸であり，第III群が横糸である．数年後にはもっと沢山のものを第III群に並べればよかったと思うことがあるかもしれないが，それはむしろ喜ばしいことと考える．また個々の書籍の選択には編者の個人的志向が大きく反映しているかもしれないが，この点については読者諸兄の批判に待ちたい．本ライブラリが，工学の基礎を学ぶ上で，あるいは工学を進める上でいささかでも役に立った，という評価を得られれば編者としてこれにすぐる喜びはない．

2005年1月

編者　藤原毅夫

「新・工科系の物理学」書目一覧

書目群Ⅰ	書目群Ⅲ
0　工科系 大学物理学への基礎	A–1　応用物理学
1　工科系 物理学概論	A–2　高分子物理学
書目群Ⅱ	A–3　バイオテクノロジーのための物理学
2　工学基礎 力学	A–4　シミュレーション
3　工学基礎 電磁気学	A–5　エネルギーと情報
4　工学基礎 熱力学・統計力学	A–6　物理情報計測
5　工学基礎 量子力学	A–7　エレクトロニクス素子
6　工学基礎 物性物理学	A–8　量子光学と量子情報科学

(A: Advanced)

まえがき

本書は，ライブラリ「新・工科系の物理学」の1冊として，弾性論や流体力学の基礎も含めた広く力学一般を扱う内容となっている．工学系に進学する学生諸君の多くは高校で物理を履修しているものと思われるが，大学初年次にはそのアドバンスト・コースといった位置付けの力学の授業が用意されているのが通例である．高校で扱う力学の内容から工学系の専門分野で出会う実際的な問題を扱う力学（機械力学，構造力学，材料力学など）へ一足飛びに進むのはいささか無理があるということであろう．本書はそのような大学初年次課程の力学を想定している．

本書では，高校課程の物理で習っていることはすべて前提として省略し，新しく大学で学習する事柄のみを扱っているわけではない．その意味で，始めの数章は高校の物理で扱った題材がしばしば登場する．しかしながら本書では，微分・積分という道具を使って数少ない基本原理から様々な現象を予測するという近代科学の手法を実感出来るようなストーリー仕立てを心がけた．また，8章の解析力学や，9, 10章で取り上げられる変形体の力学（弾性論と流体力学）は，大学初年次の力学の授業で取り上げられることは少ないかもしれないが，前者はロボットアームや構造物の動力学，さらには量子力学への橋渡しとして，後者は材料工学，流体工学などの工学系の力学への橋渡しとして，取り上げている．力学という分野が大学初年次で学ぶ事柄で閉じているのではないということを理解していただければ第一歩としては十分であろう．最近のテクノロジーでは相対性理論も考慮に入れた精密な理論が応用されている例もあるが，付録Bで取り上げた相対論的力学は，そうした応用を念頭に置くよりもむしろ，古典力学の延長上の話題を提供するにとどめた．工学を学ぶ学生諸君にも知的好奇心の対象として，このような問題に目を向けて頂ければと考えている．また付録Aでは，高校課程の数学ではお目にかからなかったかもしれない数学的な道具立てについて，数学的な厳密さはさておいて，計算の道具として使うための最低限の定義などを与えている．必要に応じて参照して頂きたい．

繰り返しになるが，本書は，8, 9, 10 章の内容に加えて，第 7 章の対称コマの運動など，大学初年次の半年の授業ではカバーしきれない内容も含まれている．しかしながら，半年で完結する教科書よりも，興味に応じて，あるいは将来必要に迫られて，少し高度な内容の部分を調べることが出来る教科書は有用ではないかと考えている．「力学」はもちろんのこと，理工学系の様々な分野では演習問題をこなす中で理解を深めるということが必須である．本書の章末の演習問題では不十分と言わざるを得ないが，適当な演習書で補ってもらいたい．

本書は，1 章から 8 章までと付録 B を石井が，9 章と 10 章を藤原が分担執筆した．また，付録 A はそれぞれが必要と感じた項目について原稿を持ち寄って内容を調整した．執筆者の間で原稿をやり取りし内容を検討したが，細かい表現や叙述の仕方については敢えて調整をすることはしていない．原稿を完成させるにあたって，数理工学社の田島伸彦氏，見寺健氏に大変にお世話になった．改めて感謝したい．最後に，工学系を志す諸君にとって本書が専門分野への橋渡しとなるとともに，工学を学ぶ基礎としての力学で必要な項目をカバーしたレファレンスとしても長く活用されれば幸いである．

2016 年 7 月

石井　靖・藤原毅夫

目　　次

1 運動の法則と運動方程式

斜面を転がり落ちるボールから太陽系の惑星に至るまで，物体の運動はニュートンの運動法則にしたがう．この章では，まず物体の運動をどうやって表すかということから始めて，力とそのつりあいという考え方を導入する．その上で，物体の運動を記述する基本法則であるニュートンの運動の法則を与える．

1 章で学ぶ概念・キーワード

- 速度，加速度，質点，拘束，自由度
- 拘束力
- 運動の三法則，慣性，運動方程式，作用と反作用，慣性系，慣性質量

1.1　運動の記述

物体を動かすには力を加えなければならない．また，物体が静止しているときに，その物体に必ずしもまったく力がはたらいていないわけではなく，いくつかの力がつりあって全体としてバランスを保っている場合も多い．「力学」の対象となるのものは，このような力の作用を受けている物体であり，それが力の作用に対してどのようにバランスを保ち，またどのように動くのか（運動するのか）を解析することが「力学」の目的である．

物体が運動している場合，物体の位置は時間の経過とともに変化する．そこで，その時刻その時刻の物体の位置を指定することにより物体の運動を表すことができる．ここで一口に物体の位置と言うのは正確でないかもしれない．例えば，人工衛星の軌跡を解析するには，人工衛星の重心の位置を人工衛星という物体の位置と考えることにする．このように，物体の位置を表す代表点が時間とともに変化する様子を，まずは運動と捉えることにする．

物体が置かれた空間に，原点と座標軸を適当にとって，物体の位置を表すことにする（このような空間を 3 次元ユークリッド空間という）．ここで，座標の原点と座標軸は問題に即して適当なものを選べばよい．例えば机上の物体の運動を考えるときには，机上に固定した直交する座標を考えればよい．一方，人工衛星の軌跡を考える場合は，机上に固定した座標軸ではなく，地球の自転とは無関係の固定した座標系を考えるほうが便利である．

直交する 3 つの単位ベクトル $\boldsymbol{i}, \boldsymbol{j}, \boldsymbol{k}$ の方向に座標軸をとり，原点から物体の位置に向かう位置ベクトルを

$$\boldsymbol{r}(t) = x(t)\boldsymbol{i} + y(t)\boldsymbol{j} + z(t)\boldsymbol{k} \tag{1.1}$$

と表す．ここで，$x(t), y(t), z(t)$ を位置ベクトルの**成分**と呼び，これらが時間 t に依存して変化することを表すために $x(t)$ のように表した．単位ベクトルの組は，図 1.1 に示すように，$\boldsymbol{i}, \boldsymbol{j}, \boldsymbol{k}$（$x$ 軸，y 軸，z 軸）が反時計回りの順に配置されるようにとる（これを**右手系**と呼ぶ）．また，位置ベクトル (1.1) は

$$\boldsymbol{r}(t) = \big(x(t), y(t), z(t)\big) \tag{1.2}$$

のように表すこともある．

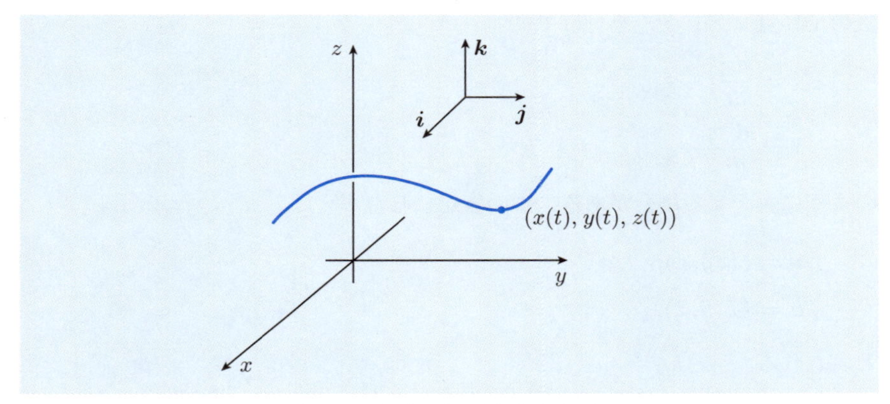

図 1.1　物体の位置を表す座標．

時間間隔 Δt を適当にとって，Δt ごとに物質の位置を記録していけば，物体の位置が時間とともに変化する様子をコマ撮りで見ることができる．この時間間隔をより小さくとれば，より精密に物体の運動を追跡できることになる．そこで，この時間間隔を十分に小さくとって，物体の位置の変化の割合

$$\boldsymbol{v}(t) = \lim_{\Delta t \to 0} \frac{\boldsymbol{r}(t+\Delta t) - \boldsymbol{r}(t)}{\Delta t} \tag{1.3}$$

を考えることにする．こうして表した物体の位置の時間変化を**速度**という．すなわち，速度は位置座標の時間微分である．ここで速度を成分に分けて表せば

$$\begin{aligned} \boldsymbol{v} &= \frac{d\boldsymbol{r}}{dt} \\ &= \left(v_x(t), v_y(t), v_z(t)\right) = \left(\frac{dx}{dt}, \frac{dy}{dt}, \frac{dz}{dt}\right) \end{aligned} \tag{1.4}$$

である．

速度の変化の割合を**加速度**といい

$$\begin{aligned} \boldsymbol{a}(t) &= \frac{d\boldsymbol{v}}{dt} \\ &= \left(\frac{dv_x}{dt}, \frac{dv_y}{dt}, \frac{dv_z}{dt}\right) = \left(\frac{d^2x}{dt^2}, \frac{d^2y}{dt^2}, \frac{d^2z}{dt^2}\right) \end{aligned} \tag{1.5}$$

で与えられる．すなわち物体の位置座標を時間の関数と見たときに，加速度は位置座標の時間に関する 2 階微分である．なお，時間による微分をしばしば変

数の上に点（ドット）を付けて

$$\dot{x} = \frac{dx}{dt},$$
$$\ddot{x} = \frac{d^2x}{dt^2}$$

のように表記する場合がある．この表記にしたがえば

$$\boldsymbol{v} = (\dot{x}, \dot{y}, \dot{z}),$$
$$\boldsymbol{a} = (\ddot{x}, \ddot{y}, \ddot{z})$$

と表される．

速度は位置座標の微分，加速度は速度の微分であることをみた．逆に位置座標を速度で，あるいは速度を加速度で表すとどうなるだろうか．時刻 0 から時刻 t までの移動距離を以下のように考える．この間の時間を小さな間隔 Δt に分けて考えると，時刻 $t = 0$ から Δt までの間には平均の速度 $v(0)$ で，時刻 Δt から $2\Delta t$ までの間には平均の速度 $v(\Delta t)$ で移動していると考えれば，時刻 0 から時刻 t の間の移動距離は

$$x(t) - x(0) = v(0)\Delta t + v(\Delta t)\Delta t + \cdots + v(t - \Delta t)\Delta t \tag{1.6}$$

となる．Δt を十分に小さくとって運動を細かく追っていけば，式 (1.6) の右辺は時刻 0 から t までの定積分の定義に他ならない．すなわち

$$x(t) - x(0) = \int_0^t v(t')\,dt' \tag{1.7}$$

である．速度と加速度の関係も同様に

$$v(t) - v(0) = \int_0^t a(t')\,dt' \tag{1.8}$$

と与えられる．

物体が置かれた空間は 3 次元空間であり，一般にこの 3 次元空間の中を物体がどのように運動するのかに興味があるわけであるが，力学の問題ではしばしば「平面上を運動する物体」や「決められた経路の上を運動する物体」を考える場合がある．このような運動を平面上，あるいは経路上に**拘束**された運動と呼ぶ．例えば，平面上に拘束された運動では，平面内に xy 座標をとり，それと

垂直な方向に z 座標をとると，この運動には

$$z = C \quad (C\text{ は定数})$$

という付加条件が課されたと考えることができる．また，半径 r の円周上を運動する物体では，物体の位置座標 (x, y, z) に

$$x^2 + y^2 = r^2,$$
$$z = 0$$

という 2 つの付加条件が課される．さらに，一般の形状の経路上に束縛された運動では，経路に沿って測った長さが運動を表す座標となるが，経路（曲線）は 2 つの曲面が交わるところと考えて

$$F(x, y, z) = 0,$$
$$G(x, y, z) = 0$$

この 2 つの付加条件が課されていると考えればよい．以上のように，物体の位置を表す座標の成分の数（物体が 1 つならば 3）から，拘束を表す付加条件の数を差し引いた数が物体の運動を記述する独立な成分の数となる．このように物体の運動を記述する独立な座標成分の数を運動の**自由度**と呼ぶ．平面上に束縛された運動の自由度は 2 となる．

1.2 力の記述

物体に作用する力について，必要な事項をまとめておこう．力を記述するときに，大きさと向き，そしてどこに力を加えるかという力の作用点が重要な要素となる．力は向きと大きさを持った量であるからベクトルで表される．物体の運動を記述するのに仮定した座標軸を用いて，力のベクトルを

$$\boldsymbol{F} = (F_x, F_y, F_z) \tag{1.9}$$

という3成分で表すことにする．このときの力の大きさはベクトルの絶対値

$$|\boldsymbol{F}| = \sqrt{F_x^2 + F_y^2 + F_z^2} \tag{1.10}$$

で与えられる．また力を図示する場合には，力がはたらいている点（**力の作用点**）を始点とした矢印で表し，矢印の長さが力の大きさを表すものとする．作用点を通り力の向きと平行な直線は**力の作用線**と呼ばれる．

物体に2本の綱を付けて，その綱を反対の方向に同じ大きさの力で引くと，物体はどちらの方向にも動かない．この状態では「力はつりあっている」という．**つりあいの状態**にある2つの力は同一作用線上にあり，互いに逆向きで大きさが等しい．また，物体を手に持っている状態では，物体には鉛直下向きに重力がはたらき，同時に手が物体に鉛直上向きの力を及ぼしており，これらがつりあいの状態となっている．いずれにしても，ここで物体の大きさは無視できるものとして，2つの力の作用点は同一であると考えていることに注意しよう．このように大きさを無視できるとした物体を**質点**と呼ぶ（図1.2）．つりあいの状態にある2力を $\boldsymbol{F}_1$, $\boldsymbol{F}_2$ と書けば

$$\boldsymbol{F}_1 + \boldsymbol{F}_2 = 0 \tag{1.11}$$

を満たす．

物体に2本の綱を付けて同じ方向に力を合わせて綱を引けば，物体は綱を引いた方向に動き始める．このとき，物体には2人の力を足し合わせた力が加わったものと見なすことができる．綱を引く方向が異なっていた場合にも，2人の力を合わせた力が物体に加わって物体が動き始めることになる．そこで，この物体には2人の力を合わせたはたらきをする力が加わっているものと考え，こ

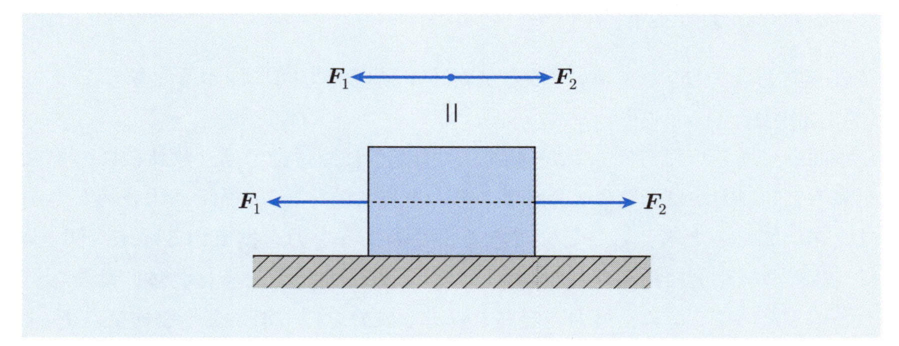

図 1.2 力のつりあい．物体の大きさを無視して質点と考えた場合．

の力を**合力**と呼ぶ．2 力 $\boldsymbol{F}_1$, $\boldsymbol{F}_2$ の合力 $\boldsymbol{F}_3$ は

$$\boldsymbol{F}_3 = \boldsymbol{F}_1 + \boldsymbol{F}_2 \tag{1.12}$$

と定義され，その方向と大きさは $\boldsymbol{F}_1$, $\boldsymbol{F}_2$ を辺とする平行四辺形の対角線で与えられる（図 1.3 (a)）．

2 力をそれらを合わせたはたらきをする 1 つの力とみなしたのに対して，元々 1 つの力を向きの異なる 2 力の合成と見て，分解することもできる．2 人で力を合わせて綱を引いたとき，それぞれの力 $\boldsymbol{F}_i$（$i = 1, 2$）を物体が動き始めた方向（合力の方向）の成分 $\boldsymbol{F}_{i//}$ と，それに垂直な方向の成分 $\boldsymbol{F}_{i\perp}$ に分解する．

$$\boldsymbol{F}_i = \boldsymbol{F}_{i//} + \boldsymbol{F}_{i\perp} \tag{1.13}$$

このとき，物体が動いた方向と垂直な方向の成分はつりあって

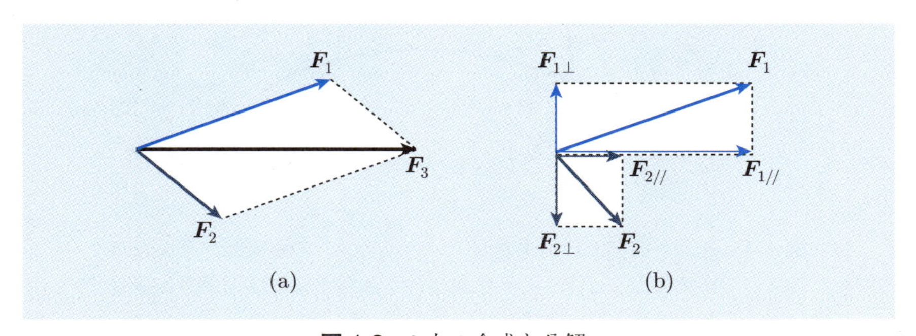

図 1.3 2 力の合成と分解．

$$\boldsymbol{F}_{1\perp} + \boldsymbol{F}_{2\perp} = 0 \tag{1.14}$$

が成り立ち合力 $\boldsymbol{F}_{1//} + \boldsymbol{F}_{2//}$ の力が物体が動いた方向に加わると解釈できる（図 1.3 (b)）.

平面上，あるいは与えられた経路上に拘束された運動では，物体にこの拘束を破る方向に力がはたらくと，必ずこの力を打ち消す（この力とつりあう）力がはたらいていると考えることができる．このような力を**拘束力**と呼ぶ．図 1.4 に，曲線の経路上に拘束された物体に外から $\boldsymbol{F}$ を加えたときに物体にはたらく力を示した．ここでは，外力の経路と垂直な成分を打ち消すような拘束力 $\boldsymbol{F}_{拘束}$ がはたらく．水平面上を運動する物体があったとき，その重力に抗して水平面が物体を押し返す**垂直抗力**も拘束力である．ここで拘束力は，外部から加えられた力に応じて大きさが決まっていることに注意しよう．また，物体の拘束条件にしたがう変位 $\delta\boldsymbol{r}$ は常に拘束力 $\boldsymbol{F}_{拘束}$ と垂直であり

$$\boldsymbol{F}_{拘束} \cdot \delta\boldsymbol{r} = 0 \tag{1.15}$$

が成り立つ．ここで $\boldsymbol{A} \cdot \boldsymbol{B}$ はベクトル $\boldsymbol{A}$ と $\boldsymbol{B}$ の内積（スカラー積）を表す（内積（スカラー積）については付録 A.1 を参照）．3.1 節でみるように，物体が拘束を受けながら $\delta\boldsymbol{r}$ だけ変位した場合に，物体に加わる力の合力 $\boldsymbol{F}_{合力}$ がなす仕事は $\boldsymbol{F}_{合力} \cdot \delta\boldsymbol{r}$ と与えられるが，式 (1.15) より拘束力は仕事をしないといえる．

物体が曲面上に拘束されて運動するときに，この曲面を表す方程式が

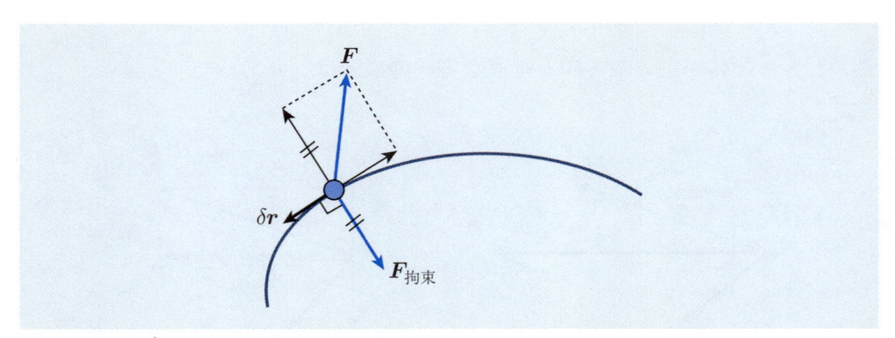

図 1.4　運動が曲線上に拘束されている場合，この曲線と垂直な方向に拘束力がはたらく．拘束条件を満たす変位は拘束力と垂直となる．

$$f(x, y, z) = 0 \tag{1.16}$$

と表されていたとする．物体が拘束条件を満たして $\delta \boldsymbol{r} = (\delta x, \delta y, \delta z)$ だけ変位したとき

$$\begin{aligned} f(x, y, z) &= f(x + \delta x, y + \delta y, z + \delta z) \\ &= 0 \end{aligned}$$

を満たすことから

$$\frac{\partial f}{\partial x}\,\delta x + \frac{\partial f}{\partial y}\,\delta y + \frac{\partial f}{\partial z}\,\delta z = 0$$

が成り立つ．ここで，$\partial f/\partial x$ は「x, y, z の関数である $f(x, y, z)$ を y と z は一定だと考えて x で微分する」ことを表し，偏微分と呼ばれる（偏微分については付録 A.4 を参照のこと）．この関係より，拘束力は

$$\boldsymbol{F}_{拘束} = \lambda \left(\frac{\partial f}{\partial x}, \frac{\partial f}{\partial y}, \frac{\partial f}{\partial z} \right) \tag{1.17}$$

と表すことができる．この式は拘束力の方向を与えるもので，λ は拘束条件が満たされるように決められる乗数である [1)]．

---

1) 乗数（multiplier）λ は，あらかじめ与えられる定数（constant）ではなく，物体の運動とともに変化する．このように，拘束条件を考慮するために新たな変数を導入する方法を**ラグランジュの未定乗数法**という．

1.3　運動の三法則

ニュートンは，17 世紀後半に「自然哲学における数学的原理」(通称「プリンキピア」) を著し，物体に力がはたらいた結果としての運動の基本原理を，以下に述べる**運動の三法則**の形にまとめ上げた．ニュートンのこの発見は，それに先立つガリレイやケプラーといった人々の天体観測や実験に基づいたもので，それらの実験事実から得られた基本法則が新しい現象の予測に使われるという近代科学の方法論の出発点となったものである．

1.3.1　慣性の法則

静止した物体には力は作用していない．力を加えれば，物体を動かすことができる．それでは運動している物体には力が作用しているのだろうか．「物体が運動しているのは，力が作用しているため」とする考え方は，一見するともっともらしいが，実は誤りである．ガリレイは，なめらかな斜面に沿って物体を落とせば，(斜面に沿った力が作用しているために) 物体は加速し，その速度を持ってなめらかな斜面を物体が上るときには (斜面を下るときとは反対向きの力が作用するので) 次第に減速する，ところが水平でなめらかな平面上を運動する (力が作用していない) 物体は速度を変えずにどこまでも運動を続けると論じた (図 1.5)．このような考察から，次の法則が成り立つことがわかる．

運動の第一法則 (慣性の法則)

物体に外から力がはたらかないか，あるいは物体にはたらいている力がつりあっているとき，静止している物体は静止し続け，運動している物体はその速度が一定の等速度運動を続ける．

これを**運動の第一法則** (または**慣性の法則**) と呼ぶ．物体が (静止しているという状態も含めた) 運動の状態を保とうとする性質を**慣性**と呼ぶ．

力が作用していない物体がある速度 $\boldsymbol{v} = (u_0, v_0, w_0)$ で運動をしている様子を，物体と同じ速度で平行移動する座標系から観測する．机上に固定した座標系 (x, y, z) に対して，物体と同じ速度で平行移動する座標系 (x', y', z') を考える (図 1.6)．つまり，x', y', z' 軸は x, y, z 軸と平行，座標系 (x', y', z') の原点 O$'$ は座標系 (x, y, z) で見れば速度 $\boldsymbol{v} = (u_0, v_0, w_0)$ で運動している．この

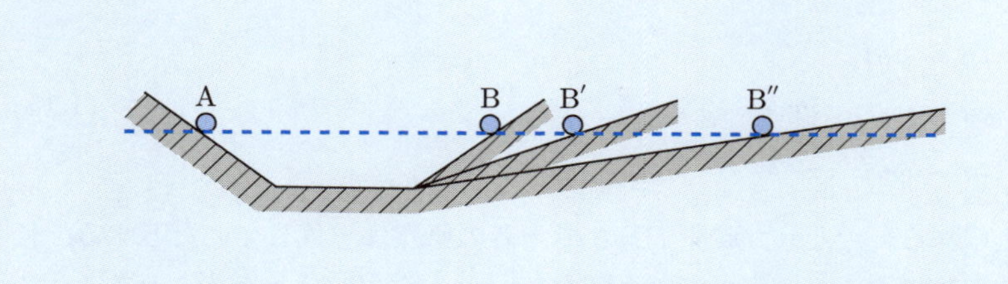

図 1.5　ガリレイの考察：点 A から斜面を転がり下りた物体が，その速度を持ってなめらかな斜面を上るとき，点 A と同じ高さの点 B まで達するであろう．斜面の傾きを緩やかにしていくと到達する点は B′, B″ のように次第に遠くになり，斜面の傾きがなくなったときには無限の遠方まで達する，すなわち永久に運動し続けるであろう．

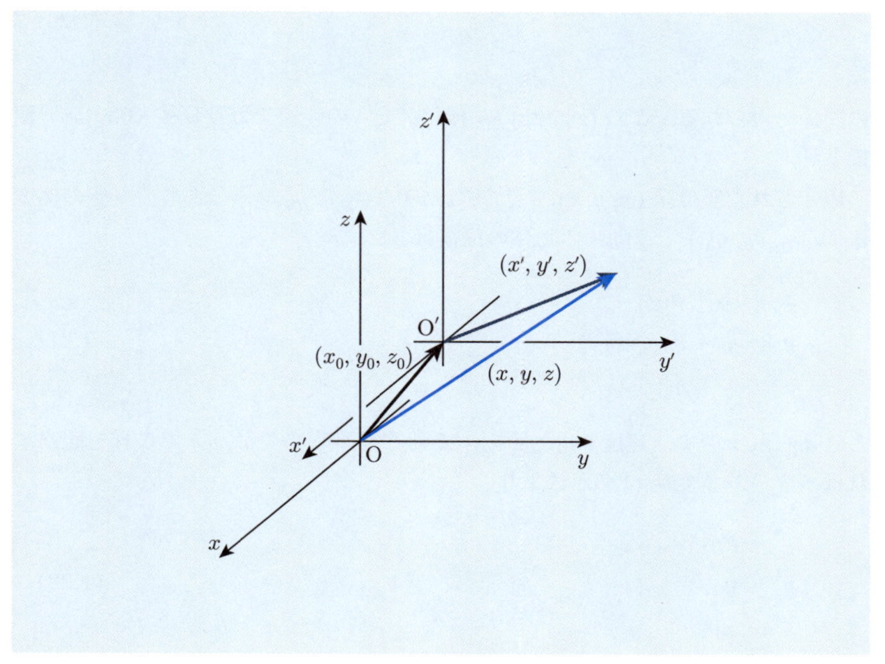

図 1.6　互いに平行移動する座標系．

とき，座標系 (x, y, z) で見た原点 O′ の座標 (x_0, y_0, z_0) は

$$
\begin{aligned}
x_0 &= u_0 t, \\
y_0 &= v_0 t, \\
z_0 &= w_0 t
\end{aligned}
\tag{1.18}
$$

と与えられる．ただし，時刻 $t = 0$ で両者の原点は一致していたとする．任意の点 P の座標がそれぞれの座標系で (x, y, z), (x', y', z') と与えられるとすると

$$
\begin{aligned}
x &= x_0 + x', \\
y &= y_0 + y', \\
z &= z_0 + z'
\end{aligned}
\tag{1.19}
$$

より

$$
\begin{aligned}
x' &= x - u_0 t, \\
y' &= y - v_0 t, \\
z' &= z - w_0 t
\end{aligned}
\tag{1.20}
$$

の関係が得られる．この $(x, y, z) \to (x', y', z')$ の変換を**ガリレイ**（Galilei）**変換**と呼ぶ．

固定された座標系 (x, y, z) で見て，$t = 0$ で (x_0, y_0, z_0) にあり，一定の速度 $\boldsymbol{v} = (u_0, v_0, w_0)$ で運動する物体の位置は

$$
\begin{aligned}
x &= x_0 + u_0 t, \\
y &= y_0 + v_0 t, \\
z &= z_0 + w_0 t
\end{aligned}
\tag{1.21}
$$

と与えられるので，速度 (u_0, v_0, w_0) で動く座標系 (x', y', z') でこれを観察すれば，ガリレイ変換 (1.20) により

$$
\begin{aligned}
x' &= x_0, \\
y' &= y_0, \\
z' &= z_0
\end{aligned}
\tag{1.22}
$$

となり，力が作用していない物体が静止し続けている様子を観測することにな

る．このように，静止している状態と等速度運動する状態は，ガリレイ変換で関連付けられる座標系で観測することにより，本質的に同じ運動状態にあるということができる．

我々は物体の運動を記述するために座標系を導入するが，後でみるように慣性の法則のような基本的な物理法則が任意の座標系で厳密に成り立つとは限らない．慣性の法則が常に成り立つ座標系を**慣性系**と呼ぶ．我々が扱う力学においては多くの場合，地表に固定した座標を近似的に慣性系と考えてよく，またそれに対してガリレイ変換で関連付けられる座標系も慣性系と考えてよい．一方，動いている台車に固定した座標系は一般に慣性系とはいえない．例えば，台車が加速度を持って運動している場合には，5.2 節で詳しく議論するように，台車に固定した座標系で運動を観測する場合にはみかけの力を考える必要がある．

1.3.2　運動の法則

物体に力がはたらいていないとき，物体の速度は一定に保たれる．物体の速度が変化するのは，物体にはたらく力の作用である．すなわち，「物体が運動しているのは，力が作用しているため」は誤った見解であり，「物体の運動の状態が変化するのは，力が作用しているため」と考えるのが正しい理解である．

物体に大きな力を加えたときには，物体の速度は大きく変化する（すなわち，大きな加速度を得る）という事実から，物体の加速度は物体にはたらく力の大きさに比例すると考えることができる．これを

$$\boldsymbol{F} = m\boldsymbol{a} \tag{1.23}$$

と表し，ニュートンの**運動方程式**と呼ぶ．ここで $\boldsymbol{a}$ は式 (1.5) で定義される加速度である．比例定数 m は力 $\boldsymbol{F}$ がどのくらい速度の変化を引き起こすかの目安となる量で，**慣性質量**と呼ばれる．同じ大きさの力を加えても，重い物体は運動の状態を変えにくい（慣性が大きい）という事実から，物体の重さを表す通常の質量（重力質量）が慣性質量になっていると考えてよい．したがって，ニュートンの**運動の第二法則**（単に**運動の法則**と呼ぶこともある）は

運動の第二法則（運動の法則）

物体に力がはたらいたとき，力の方向と同じ方向に加速度が生じ，その大きさは力の大きさに比例し，物体の質量に反比例する．

と表現できる．質量が 1 kg の物体に $1\,\mathrm{m/s^2}$ の加速度を生むのに必要な力の大きさを 1 N（ニュートン）と定める．

物体の運動に伴って，物体の位置と速度は時間とともに変化する．したがって，物体の位置座標 $\boldsymbol{r}$ や速度 $\boldsymbol{v} = d\boldsymbol{r}/dt$ を時刻 t の関数として追跡してやることで，運動の様子を理解することができる．そして，この時間変化はニュートンの運動方程式 (1.23) では

$$m\frac{d^2\boldsymbol{r}}{dt^2} = \boldsymbol{F}\left(\boldsymbol{r}, \frac{d\boldsymbol{r}}{dt}, t\right) \tag{1.24}$$

あるいは，$\boldsymbol{r}$ と $\boldsymbol{v}$ に対する連立の方程式として

$$\frac{d\boldsymbol{r}}{dt} = \boldsymbol{v},$$
$$\frac{d\boldsymbol{v}}{dt} = \frac{1}{m}\boldsymbol{F}(\boldsymbol{r}, \boldsymbol{v}, t)$$

にしたがって決定される．ここで，物体にはたらく力は，その位置 $\boldsymbol{r}$ と速度 $\boldsymbol{v}$（および時刻 t）を定めれば与えられるので，これを $\boldsymbol{F}(\boldsymbol{r}, \boldsymbol{v}, t)$ と書いた．運動方程式は，時刻 t の関数として与えられる物体の位置座標 $\boldsymbol{r}(t) = (x(t), y(t), z(t))$ が満たすべき方程式となっている．このような関数とその微分が満たす関数方程式を微分方程式と呼ぶ．第2章で，具体的な問題に対して微分方程式の解を得て，実際の物体の運動を議論することにする．

1.3.3　作用・反作用の法則

水平な床の上に置いた物体には，鉛直下向きの重力に加えて，鉛直上向きに床が物体を押し返す力がはたらいて，この両者がつりあうために物体は床の上に静止している．一方，床には，物体の重力により鉛直下向きに力が加わっている．このように物体が床に力を及ぼすときに，物体は必ずその力とまったく同じ大きさで向きが反対の力を床から受ける．ここで物体が床を押すという作用に対して床が物体を押し返すことを**反作用**と呼ぶ．このことは，**運動の第三法則**（または**作用・反作用の法則**）として

運動の第三法則（作用・反作用の法則）

物体 A が物体 B に力を及ぼすとき，物体 B もまた物体 A に同じ作用線上で大きさが等しく向きが反対の力を及ぼす．

とまとめられる．したがって，力というものは単独で現われることはなく，必ず力を及ぼす物体と及ぼされる物体が存在するといえる．

質量 m_1, m_2 の物体 A, B が相接して水平でなめらかな床の上に置かれており，物体 A に水平方向の力 $\boldsymbol{F}$ を加えるとしよう．このとき 2 つの物体は一体となって，質量 $m_1 + m_2$ の物体として運動を始めると考えられる．したがって，運動方程式は

$$(m_1 + m_2)\boldsymbol{a} = \boldsymbol{F} \tag{1.25}$$

と与えられる．一方，物体 A が物体 B に及ぼす力を $\boldsymbol{f}_{\mathrm{AB}}$，物体 B が物体 A に及ぼす力を $\boldsymbol{f}_{\mathrm{BA}}$ とおけば，それぞれに対する運動方程式は

$$\begin{aligned} m_1\boldsymbol{a} &= \boldsymbol{F} + \boldsymbol{f}_{\mathrm{BA}}, \\ m_2\boldsymbol{a} &= \boldsymbol{f}_{\mathrm{AB}} \end{aligned} \tag{1.26}$$

と与えられる．ここで，物体 A, B は一体となって運動するので，それぞれに加速度は等しいものとして $\boldsymbol{a}$ とおいた．運動方程式 (1.25) と式 (1.26) より

$$\boldsymbol{f}_{\mathrm{BA}} + \boldsymbol{f}_{\mathrm{AB}} = 0$$

が成り立つことがわかる．すなわち，物体が一体となって運動するときにその質量は個々の物体の質量の総和となること（質量の相加性）を認めれば，作用・反作用の法則はその帰結として導かれることがわかる．

1章の問題

□**1**　物体が放物線上を運動している．この物体の放物線の対称軸に垂直な方向の速度は一定であるとき，放物線の軸方向の速度と加速度を求めよ．

□**2**　鉛直方向に一定の外力 F_0 が作用し，半径 a の球面上に拘束されて運動する物体（質量 m）に対する運動方程式を導け．また，水平方向の物体の位置座標を x, y, 鉛直方向の座標を z と書いたとき

$$x\dot{y} - y\dot{x} = \text{一定}$$

$$\frac{1}{2}m(\dot{x}^2 + \dot{y}^2 + \dot{z}^2) - F_0 z = \text{一定}$$

が成り立つことを示せ．

□**3**　一直線上を一定の加速度で運動している物体の，時刻 $t = 0$ から t_1 に至るまでの平均速度を v_1，t_1 から $t_1 + t_2$ に至るまでの平均速度を v_2 としたとき

$$\frac{v_2 - v_1}{t_1 + t_2} = \text{一定}$$

であることを示せ．

□**4**　質量が無視できて伸び縮みしない糸 AB, BC の A 端に物体 A を，B 端に物体 B を付ける．このとき，以下のそれぞれを作用・反作用の法則に基づいて議論せよ．

(1)　C 端を固定して糸と物体 A，B を鉛直に吊るしたときに物体にはたらく力とそのつりあい

(2)　なめらかな水平面の上で，C 端を一定の力 F で引くときの運動

2 運動方程式の応用

運動方程式は，時間とともに変化する物体の位置座標に対する微分方程式と見ることができる．したがって，微分方程式を数学的に解くことにより，物体の運動を予測することができる．この章では，1つの物体（質点）の運動を運動方程式に基づいて解析する．自由落下や単振動のような基本的な運動に加えて，大振幅の振り子の運動や減衰，外から駆動力が加わった場合の振動など，応用上も有用な例も取り上げる．また，観測結果の詳細な検討から得られた惑星の運動に関するケプラーの法則が，太陽からの重力を受けて運動する物体に対する運動方程式の解を求めることによって，完全に理解されることを示す．

2章で学ぶ概念・キーワード

- 放物運動
- 単振動
- 減衰振動，強制振動
- ケプラーの法則，面積速度一定

2.1 放物運動

地球上の物体には，鉛直下向きに重力がはたらく．このため物体から静かに手を離すと物体は下に向かって落下していくが，この様子を観測すると，物体は一定の加速度で落下していくことがわかる．さらに，空気の抵抗が無視できる場合には，この加速度は物体に依らず一定の大きさとなる．この加速度 g を**重力加速度**と呼び，その大きさは地球の表面では $g \approx 9.8\ [\mathrm{m/s^2}]$ である．物体の鉛直方向の位置（鉛直下向きを正の方向にとる）を z とすると，その加速度が一定であることから

$$\frac{d^2z}{dt^2} = g$$

と与えられる．運動の法則によれば，質量と加速度の積が物体にはたらく力であることから，質量 m の物体にはたらく重力の大きさは，重力加速度を用いて

$$F_{\text{重力}} = mg \tag{2.1}$$

と与えられる．

ニュートンは，2つの物体の間にはそれぞれの物体の質量 m, M に比例し，物体間の距離 r の2乗に逆比例するような引力がはたらくと考えた．すなわち

$$F = G\frac{Mm}{r^2} \tag{2.2}$$

ここで，G は**万有引力定数**と呼ばれ

$$G = 6.67 \times 10^{-11}\ [\mathrm{m^3/(kg \cdot s^2)}] \tag{2.3}$$

である．これを**万有引力の法則**と呼ぶ．地表の物体にはたらく重力は，地球が地表の物体に及ぼす万有引力に他ならない．地球を球と考えてその中心に地球の全質量が置かれていると仮定すると，地表で質量 m の物体にはたらく万有引力は式 (2.2) で，r を地球の半径，M を地球の全質量にとったものとなる．すなわち，この万有引力が物体にはたらく重力 mg に等しいと考えれば，重力加速度 g は

$$g = \frac{GM}{r^2} \tag{2.4}$$

と与えられる．

例題 2.1

地表で物体にはたらく重力が地球が地表の物体に及ぼす万有引力と考えた場合の重力加速度の式 (2.4) より，地球の全質量を見積もってみよ．

【解答】 地球の 1 周が約 40000 km であることから，地球の半径は約 6400 km となる．これを用いて，地球の全質量は

$$M = \frac{gr^2}{G} = \frac{9.8 \times (6400 \times 10^3)^2}{6.67 \times 10^{-11}} = 6.0 \times 10^{24} \text{ [kg]}$$

と概算される． ■

重力のはたらく物体の運動を，運動方程式にしたがって考えてみよう．座標軸として鉛直上向きを z 軸の正の方向に，水平方向に x 軸，y 軸をとることにする．質量 m の物体には鉛直下向きに重力 mg がはたらくので，物体にはたらく力は時間に依らず

$$\boldsymbol{F} = (0, 0, -mg)$$

と与えられる．ここで負符号は重力の向きが z 軸の正の向きとは反対の鉛直下向きであることを表す．物体の速度の x, y, z 成分を v_x, v_y, v_z と書いて，運動方程式を成分ごとに表せば

$$m\frac{dv_x}{dt} = 0, \quad m\frac{dv_y}{dt} = 0, \quad m\frac{dv_z}{dt} = -mg \tag{2.5}$$

となる．これより水平方向の物体の速度は時間に依らず一定となることがわかる．すなわち，水平方向の物体の運動は等速直線運動となり，物体の位置座標は，時刻 $t = 0$ での速度（**初速度**）$v_x(0)$, $v_y(0)$ を使って

$$x(t) = x(0) + v_x(0)t,$$
$$y(t) = y(0) + v_y(0)t$$

と与えられる．

一方，鉛直方向の運動は

$$\frac{dv_z}{dt} = -g$$

で与えられ，これを積分して鉛直方向の速度が

$$v_z(t) - v_z(0) = \int_0^t \frac{dv_z(t')}{dt'}\,dt' = -gt$$
$$\Rightarrow \quad v_z(t) = v_z(0) - gt \tag{2.6}$$

と求まる．さらにこの結果を使って，鉛直方向の位置は

$$z(t) - z(0) = \int_0^t v_z(t')\,dt'$$
$$= v_z(0)t - \frac{1}{2}\,gt^2 \tag{2.7}$$

と計算される．ここで，時刻 $t = 0$ における速度を**初速度**と呼ぶ．$v_y(0) = 0$ であるように水平方向の座標軸をとると，一般の時刻 t における物体の位置が

$$\begin{aligned} x &= x(0) + v_x(0)t, \\ y &= y(0), \\ z &= z(0) + v_z(0)t - \frac{1}{2}\,gt^2 \end{aligned} \tag{2.8}$$

と与えられる．

時刻 $t = 0$ で物体を持った手をそっと離す場合は，初速度を 0 とすることに相当する．このような運動を**自由落下**と呼ぶ．このときは $x = x(0)$, $y = y(0)$ となり，物体の水平方向の位置は変わらず，物体は真下に落下する．また，落下の距離は手を離してからの時間 t の 2 乗に比例して大きくなる．

例題 2.2

自由落下する物体が 50 m の距離を落下するのに要する時間を求めよ．

【解答】 重力加速度の値を $g = 9.8$ [m/s^2] とおけば

$$\frac{1}{2}\,gt^2 = 50$$

より，t は約 3.2 秒と得られる． ■

一般に初速度の水平方向の成分が 0 でない場合は，水平方向の等速直線運動と鉛直方向の落下運動を合成した運動となる．式 (2.8) の第 1 式と第 3 式から t を消去して，z を x の関数として表せば，物体が投げ上げられた後に辿る軌跡を見ることができる．結果は

$$z = z(0) + \frac{v_z(0)}{v_x(0)}\,x - \frac{g}{2v_x(0)^2}\,x^2 \tag{2.9}$$

となる．ここで表現を簡単にするために，$x(0) = 0$ とおいた．これより物体の軌跡は放物線となることがわかる（図 2.1）．このような運動を**放物運動**と呼ぶ．

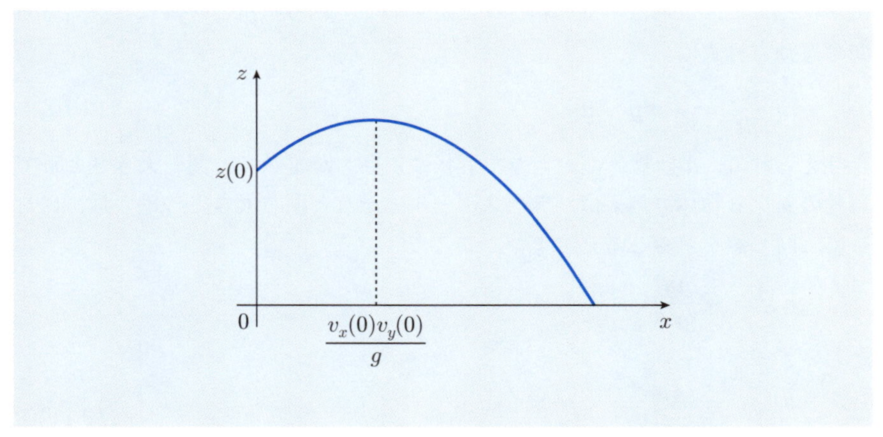

図 2.1　放物運動．xz 面内の物体の軌跡．

2.2 抵抗のある場合の自由落下

自由落下の場合の考察（2.1 節）によれば，物体の落下の速さは物体の質量とは無関係に決まっている．ところが人々は長い間，重い物体の方が軽い物体より速く落ちると考えていた．これは日常的な経験から考えられたことであろうが，実際には，先の自由落下の考察では考慮されていなかった空気による抵抗がこの効果をもたらしている．

空気中では物体には速度の方向と反対の方向に，速度の大きさに比例した抵抗がはたらく．これは空気の粘性によるもので，**粘性抵抗**と呼ばれる．鉛直方向の運動方程式は

$$m\,\frac{dv_z}{dt} = -mg - av_z \tag{2.10}$$

と与えられる．a は物体の大きさや形状に依存した定数で，同じ大きさと形で質量の異なる物体（例えば，テニスボールとそれと同じ大きさの鉄の球）に対して，同じ値をとると考えてよい．ここで

$$v_\infty = -\frac{mg}{a}$$

とおいて

$$\frac{dv_z}{dt} = -\frac{a}{m}\,(v_z - v_\infty) \tag{2.11}$$

と表しておく．

方程式 (2.11) の解を求めてみよう．この方程式は一般に変数分離形の微分方程式と呼ばれる．v_z の微分を速度と時間の微小な変化分 dv_z, dt の比と考えて，方程式 (2.11) を

$$\frac{1}{v_z - v_\infty}\,dv_z = -\frac{a}{m}\,dt$$

と変形し，両辺に積分記号を補うと

$$\int \frac{dv_z}{v_z - v_\infty} = -\int \frac{a}{m}\,dt$$

が得られる．不定積分を計算すれば，任意の定数 C を補って

$$\log(v_z - v_\infty) = -\frac{a}{m}\,t + C$$

すなわち

$$v_z = v_\infty + C' \exp\left(-\frac{a}{m}t\right)$$

を得る（$\exp(x)$ は指数関数 e^x を表す）．$t = 0$ での初速度を $v_z(0)$ とすると

$$v_z = v_\infty + \bigl(v_z(0) - v_\infty\bigr)\exp\left(-\frac{a}{m}\,t\right)$$

が得られる．

物体から手を離した後，十分に時間が経つと，物体の速度は

$$v_\infty = -\frac{mg}{a}$$

に近付いていくことが予想される（図 2.2）．負の符号が付いているのは，鉛直下向きの速度を持つことを意味する．この落下速度の大きさを**終端速度**と呼ぶ．この結果，大きさと形が同じで質量が大きいものほど終端速度が大きくなり，このことは大気中で重い物体が速く落ちるという経験に反映しているのである．

空気中を運動する物体の速度が大きくなって，物体の周りに渦が生じるようになると，物体には速度の 2 乗に比例する抵抗がはたらくようになる．これを**慣性抵抗**と呼ぶ．このときの鉛直方向の運動方程式は

$$m\,\frac{dv_z}{dt} = -mg - bv_z^2$$

となる．

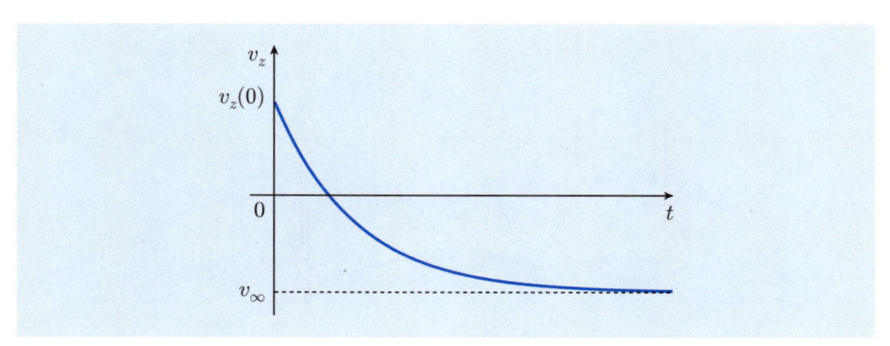

図 2.2 鉛直下向きの速さの変化と終端速度．

2.3 単振動（調和振動）

第9章でみるように，固体に外から力を加えて変形を起こすと，その変形を元に戻そうとする力がはたらく．変形があまり大きくない場合は，復元力は変形の大きさに比例する．この性質を**弾性**という．バネの一端を固定して，他端に力を加えてバネを伸ばしたときも，加える力があまり大きくなくてバネの伸び縮みが小さいとき，バネの伸び縮みは加えた力の大きさに比例する．これを**フック**（Hooke）**の法則**という．大きさFの力を加えたときのバネの伸びをxと書くと

$$F = kx \tag{2.12}$$

の関係が成り立つ．このときの比例定数kはバネの強さを表し，**バネ定数**と呼ばれる．バネを伸ばすために加えた力の反作用として，バネはそれを引っ張る手を逆向きに引き戻そうとする．これがバネの復元力である．

大きさkのバネ定数のバネにつながれた物体を水平でなめらかな床の上に置いたときの，バネの伸び縮みに伴う物体の運動を考える．一端を壁に固定されたバネの他端に質量mの物体を取り付ける．物体が置かれた床はなめらかで摩擦は無視できるものとすると，物体にはたらく力は物体の重力と物体が床から受ける垂直抗力，そしてバネの伸びに相当した弾性力である（図2.3）．この内，

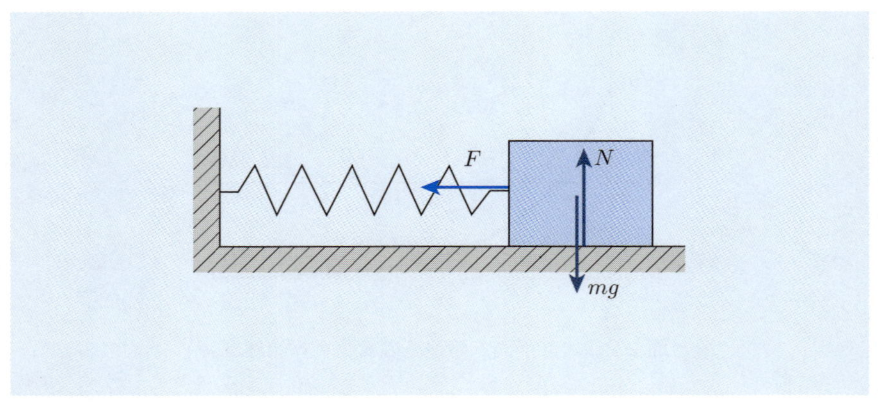

図2.3 一端の固定されたバネにつながれた物体にはたらく力．

重力と垂直抗力は鉛直方向にはたらき，つりあいの状態にある．したがって，物体は鉛直方向には運動をしない．そこで，水平方向の運動のみを考えればよい．

物体の位置座標として，バネが伸びも縮みもしないときの位置を $x=0$ にとり，座標軸の向きはバネの伸びる方向を正にとる．物体の位置座標 x が正の場合は，バネが x だけ伸びていることを表し，そのとき物体にはバネが縮む方向に x に比例した大きさの力がはたらく．これより運動方程式の水平方向の成分は

$$m\,\frac{d^2x}{dt^2} = -kx \tag{2.13}$$

と与えられる．ここで右辺の負符号は力の向きと座標軸 x の向きが反対であることを表す．両辺を m で割って

$$\omega_0 = \sqrt{\frac{k}{m}}$$

とおくと

$$\frac{d^2x}{dt^2} = -\omega_0^2 x \tag{2.14}$$

を得る．

方程式 (2.14) の解を，まずは正攻法で求めてみよう．両辺に dx/dt をかけると

$$\frac{d^2x}{dt^2}\,\frac{dx}{dt} = -\omega_0^2 x\,\frac{dx}{dt} \tag{2.15}$$

を得る．ここで

$$x\,\frac{dx}{dt} = \frac{1}{2}\,\frac{d}{dt}(x^2)$$

および

$$\frac{d^2x}{dt^2} = \frac{d}{dt}\left(\frac{dx}{dt}\right)$$

に注意すると

$$\frac{1}{2}\,\frac{d}{dt}\left(\frac{dx}{dt}\right)^2 = -\frac{\omega_0^2}{2}\,\frac{d}{dt}(x^2) \tag{2.16}$$

を得る．したがって

$$\left(\frac{dx}{dt}\right)^2 = C - \omega_0^2 x^2$$

である（C は定数）．$C = \omega_0^2 x_0^2$ とおくと

$$\frac{dx}{dt} = \pm\omega_0\sqrt{x_0^2 - x^2}$$

となり，これは変数分離形の微分方程式となっている．これより

$$\int \frac{dx}{\sqrt{x_0^2 - x^2}} = \pm\omega_0 \int dt$$

したがって，$x = x_0 \cos\theta$ とおくと，$dx = -x_0 \sin\theta\, d\theta$ より

$$\theta = \mp\omega_0 t + C'$$

を得る．両辺の cos をとれば，θ_0 を定数として

$$x(t) = x_0 \cos(\omega_0 t + \theta_0) \tag{2.17}$$

が得られる．物体の速度 v はこの x を時間で微分して

$$v(t) = -\omega_0 x_0 \sin(\omega_0 t + \theta_0)$$

と与えられる．したがって，バネの伸び縮みに伴って物体の位置は平衡点 $x = 0$ の周りで一定の**角周波数** ω_0 で行ったり来たりする（振動する）ことがわかる（図 2.4）．

ここで，x_0 を（バネの伸び縮みの）**振幅**，また改めて

$$\theta = \omega_0 t + \theta_0$$

とおいて θ を（振動の）**位相**，θ_0 を**初期位相**（時刻 $t = 0$ における位相）と呼ぶ．また，角周波数は位相角の時間変化を表すという意味で**角速度**とも呼ばれる．振幅と初期位相は，時刻 $t = 0$ での運動の状態（初期条件）で決められる定数である．たとえば，時刻 $t = 0$ でバネを A だけ伸ばした状態でそっと手を離すとすると（$x(0) = A$, $v(0) = 0$）

$$x(t) = A\cos(\omega_0 t)$$

となる．

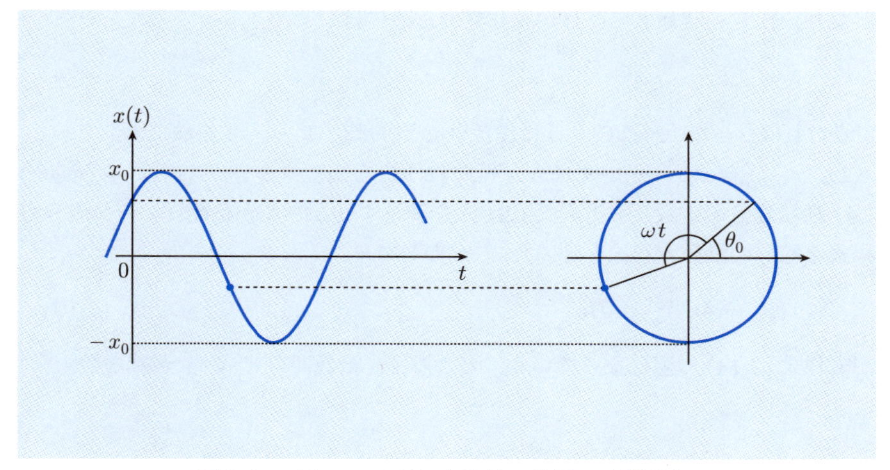

図 2.4　バネにつながれた物体の位置の時間変化.

方程式 (2.14) の解 (2.17) は

$$x(t) = A\cos\omega_0 t + B\sin\omega_0 t \tag{2.18}$$

のように，$\cos\omega_0 t$, $\sin\omega_0 t$ の重ねあわせで与えられることに注意しよう（$A = x_0\cos\theta_0$, $B = -x_0\sin\theta_0$）．このとき，係数 A, B は初期条件で決定される定数である．またバネにつながれた物体の運動は，角周波数 ω_0 で半径 x_0 の円周上を運動する等速円運動の x 軸あるいは y 軸への射影となっているといってもよい．このように，単一の周波数 ω_0 で振動する運動を**単振動**，または**調和振動**と呼ぶ.

$$T = \frac{2\pi}{\omega_0}$$

はこの振動の**周期**を表す.

方程式 (2.14) の解は次のようにしても求めることができる．解 $x(t)$ として

$$x(t) = e^{\lambda t}$$

の形を仮定する（λ は定数）．これを方程式 (2.14) に代入すると

$$\lambda^2 e^{\lambda t} = -\omega_0^2 e^{\lambda t}$$

となり，任意の時刻 t でこれが成り立つためには

$$\lambda = \pm i\omega_0$$

でなければならない．ここで, i は虚数単位と呼ばれ, $i^2 = -1$ を満たす量である．もし，$x_1(t)$ と $x_2(t)$ がいずれも方程式 (2.14) を満たすとき，$Ax_1(t) + Bx_2(t)$ (A, B は任意の定数）も方程式 (2.14) を満たす（このような性質を持つ微分方程式を線形の微分方程式と呼ぶ)．したがって

$$x(t) = Ae^{i\omega_0 t} + Be^{-i\omega_0 t} \tag{2.19}$$

が方程式 (2.14) の解になっている．ところで，指数関数 e^x の x が純虚数 iy のとき

$$e^{iy} = \cos y + i \sin y$$

が成り立つ（**オイラー**（Euler）**の公式**)．これを用いれば，式 (2.19) の解は

$$x(t) = (A + B)\cos\omega_0 t + i(A - B)\sin\omega_0 t$$

となり，式 (2.18) と同じ結果となることがわかる．

2.4　振り子の運動

図 2.5 に示すように，長さ ℓ の糸の一端を天井に固定し，他端に質量 m のおもりを付けて静かにぶら下げる．糸がたるまないように物体を持ち上げて，静かに手を離したときの物体の運動を考えよう．ただし，糸の質量や伸び縮みは無視できるものとする．糸の伸び縮みがない場合には，糸が鉛直方向となす角 θ を定めれば，おもりの位置を完全に決めることができる．物体に加わる力は鉛直下向きの重力と糸の張力 T である．これらの力を糸の方向とそれに垂直な方向の成分に分けたとき，糸の方向の成分はつりあいの式

$$T = mg\cos\theta + m\ell\left(\frac{d\theta}{dt}\right)^2$$

を満たす．ここで，右辺第 2 項は 5.3 節で論じる遠心力を表す．一方，糸と垂直な方向の座標を半径 ℓ の円弧に沿った距離と考えると，この距離 x は $x = \ell\theta$ と表される．この方向の成分に関する運動方程式は

$$m\frac{d^2x}{dt^2} = -mg\sin\theta$$

と与えられる．糸の長さ ℓ は一定であるので，運動方程式は

$$\frac{d^2\theta}{dt^2} = -\frac{g}{\ell}\sin\theta \tag{2.20}$$

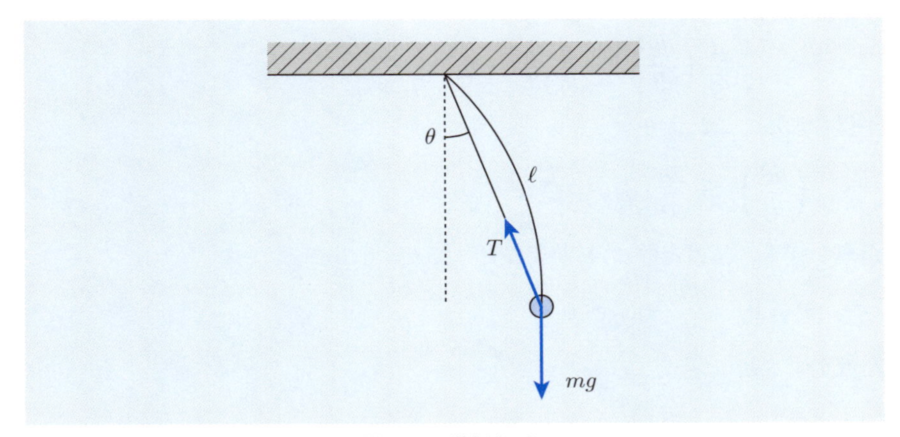

図 2.5　単振り子．

と与えられる．

糸の振れ角 θ が十分に小さいときは $\sin\theta \approx \theta$ と考えて

$$\frac{d^2\theta}{dt^2} = -\frac{g}{\ell}\,\theta$$

とおくことができる．これは角周波数 $\omega = \sqrt{g/\ell}$ の単振動の方程式である．$t = 0$ での初期条件を

$$\theta(0) = \theta_0, \quad \left(\frac{d\theta}{dt}\right)_{t=0} = 0$$

と与えれば

$$\theta = \theta_0 \cos\omega t$$

が得られる．単振動する振り子を**単振り子**と呼ぶ．これより振り子の周期は

$$T_0 = 2\pi\sqrt{\frac{\ell}{g}} \tag{2.21}$$

と与えられ，振り子の振幅や糸の先に付けたおもりの質量に依らない．これを**振り子の等時性**と呼ぶ．

振り子の振れ角が十分に小さいとみなせない場合を考えよう．前節で示した正攻法にしたがって，運動方程式 (2.20) の両辺に $d\theta/dt$ をかけると

$$\frac{d\theta}{dt}\,\frac{d^2\theta}{dt^2} = -\frac{g}{\ell}\sin\theta\,\frac{d\theta}{dt}$$
$$\Rightarrow \quad \frac{1}{2}\,\frac{d}{dt}\left(\frac{d\theta}{dt}\right)^2 = \frac{g}{\ell}\,\frac{d}{dt}\cos\theta$$

が得られる．これより

$$\left(\frac{d\theta}{dt}\right)^2 = \frac{2g}{\ell}\cos\theta + C$$

が導かれる（C は定数）．初期条件として $t = 0$ で

$$\theta = 0, \quad \frac{d\theta}{dt} = \omega_0 > 0$$

を仮定すると

$$C = \omega_0^2 - \frac{2g}{\ell}$$

すなわち

$$\left(\frac{d\theta}{dt}\right)^2 = \omega_0^2 - \frac{2g}{\ell}(1-\cos\theta) \tag{2.22}$$

となる．おもりの速度は $v = \ell(d\theta/dt)$ と与えられるので，式 (2.22) はエネルギー保存の関係

$$\frac{1}{2}mv^2 + mg\ell(1-\cos\theta) = \frac{1}{2}m\ell^2\omega_0^2$$

を表しているといえる（3.4 節）．ここで，$mg\ell(1-\cos\theta)$ はポテンシャルエネルギー（3.3 節）に相当し，右辺の力学的エネルギーの総和 $E = m\ell^2\omega_0^2/2$ がポテンシャルエネルギーの最大値 $2mg\ell$ を超えないときは，$|\theta| < \pi$ の領域で往復運動が期待される．

三角関数の公式 $1 - \cos\theta = 2\sin^2(\theta/2)$ を用いて，式 (2.22) を

$$\frac{d\theta}{dt} = 2\sqrt{\frac{g}{\ell}}\sqrt{k^2 - \sin^2\frac{\theta}{2}}$$

と書き換える．ただし，$k = \sqrt{\ell\omega_0^2/4g}$ とおいた．これは変数分離形の微分方程式であるので

$$\sqrt{\frac{g}{\ell}}\,dt = \frac{1}{\sqrt{k^2 - \sin^2\frac{\theta}{2}}}\frac{d\theta}{2}$$

より，$t = 0$ で $\theta = 0$ を満たす解として

$$\sqrt{\frac{g}{\ell}}\,t = \int_0^\theta \frac{1}{\sqrt{k^2 - \sin^2\frac{\theta'}{2}}}\frac{d\theta'}{2} \tag{2.23}$$

が得られる．全エネルギーがポテンシャルエネルギーの最大値を超えない条件（$E < 2mg\ell$）に対応して $k < 1$ とすると

$$\left|\sin\frac{\theta}{2}\right| < k$$

の範囲で往復運動を行う．式 (2.23) の定積分を三角関数などの初等関数で表すことはできないが，これを数値的に解いた結果を図 2.6 に示す．式 (2.23) の積分の上限を

$$\theta_0 = 2\sin^{-1}k$$

にとれば，これは周期 T の4分の1に対応するので

$$T = 4\sqrt{\frac{\ell}{g}}\int_0^{\theta_0} \frac{1}{\sqrt{k^2 - \sin^2\frac{\theta'}{2}}}\frac{d\theta'}{2}$$
$$= \frac{2T_0}{\pi}\int_0^{\pi/2} \frac{d\phi}{\sqrt{1-k^2\sin^2\phi}} \tag{2.24}$$

を得る．ここで，T_0 は式 (2.21) で定義した単振り子の周期である．1行目から2行目への変形では $\sin(\theta'/2) = k\sin\phi$ とおいて，積分変数を ϕ に変更している．右辺の定積分は第1種の完全楕円積分と呼ばれる．図 2.6 には，いくつかの k に対する振動の様子を示した．k が大きくなると，振幅が大きくなり周期も長くなる様子がわかる．

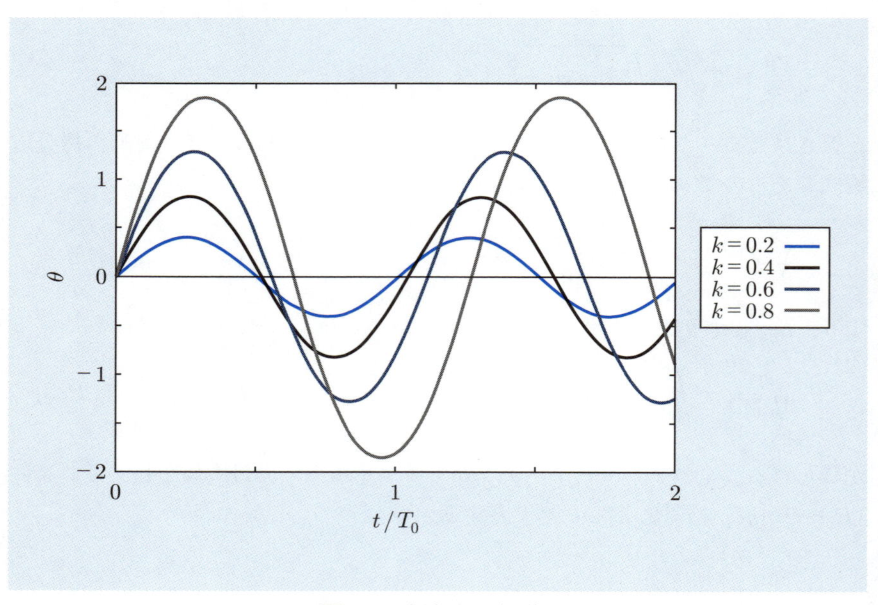

図 2.6　振り子の振動．

2.5　減衰振動と強制振動

単振動の場合に戻り，2.2 節で考察したような粘性抵抗がはたらく場合の振動を考えてみよう．運動方程式は

$$m\frac{d^2x}{dt^2} = -kx - av \tag{2.25}$$

と与えられる．ただし，$v = dx/dt$ である．両辺を m で割って

$$\frac{d^2x}{dt^2} + 2\gamma\frac{dx}{dt} + \omega_0^2 x = 0 \tag{2.26}$$

と整理しよう．ここで，$\gamma = a/2m$ である．この方程式の解を得るため

$$x(t) = e^{\lambda t}$$

の形の解を仮定しよう．これを方程式 (2.26) に代入して

$$(\lambda^2 + 2\gamma\lambda + \omega_0^2)e^{\lambda t} = 0$$

が得られる．任意の時間にこの関係が成り立つとして，括弧の中を 0 とおいて λ が満たすべき 2 次方程式の解を求めると

$$\lambda_\pm = -\gamma \pm \sqrt{\gamma^2 - \omega_0^2} \tag{2.27}$$

となる．ここで γ と ω_0 の大小によって，3 通りの場合が考えられる．以下では，それを順にみていくことにする．

$\gamma < \omega_0$ の場合　式 (2.27) の $\lambda_\pm$ は

$$\lambda_\pm = \pm i\omega_0' - \gamma, \quad \omega_0' = \sqrt{\omega_0^2 - \gamma^2}$$

となり，式 (2.26) の解は

$$x(t) = \left(Ae^{i\omega_0' t} + Be^{-i\omega_0' t}\right)e^{-\gamma t} \tag{2.28}$$

と与えられる．これは角周波数 ω_0' で振動をしながら，時間とともにその振幅が指数関数的に減衰していく振動を表す．このような振動を，**減衰振動**と呼ぶ．

$\gamma > \omega_0$ の場合　式 (2.27) の $\lambda_\pm$ は負の実数となり，式 (2.26) の解は

$$x(t) = Ae^{-|\lambda_+|t} + Be^{-|\lambda_-|t} \tag{2.29}$$

のように時間とともにその振幅が指数関数的に減少する．このような場合を**過減衰**の状態と呼ぶ．

$\gamma = \omega_0$ の場合

$$x(t) = (At + B)e^{-\gamma t} \tag{2.30}$$

が，式 (2.26) の解となる．これを，減衰振動と過減衰の境目の状態ということで，**臨界減衰**の状態と呼ぶ．

図 2.7 に，$t = 0$ で $x(0) = 1$, $v(0) = 0$ の場合の解の振舞いを示す．

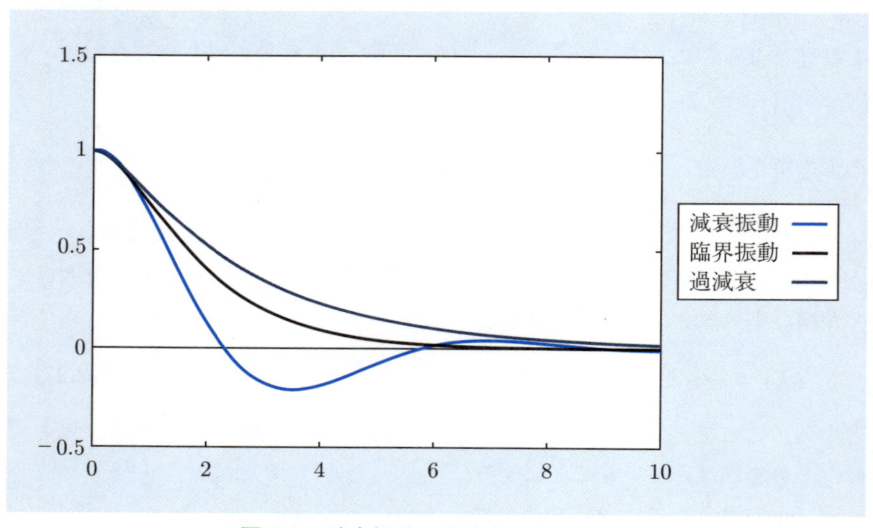

図 2.7 減衰振動，過減衰，臨界減衰．

例題 2.3

$\gamma = \omega_0$ の場合に，式 (2.30) が式 (2.26) の解となっていることを確かめよ．

【解答】 実際に式 (2.26) に代入すれば，確かめることができる． ■

減衰のある振動を外から加えた力（外力）で駆動する場合には，運動方程式は方程式 (2.25) の右辺に外力 $f(t)$ を加えて

$$m\frac{d^2x}{dt^2} = -kx - av + f(t) \tag{2.31}$$

と与えられる．式 (2.25) と同様に，両辺を m で割って

$$\frac{d^2x}{dt^2} + 2\gamma\frac{dx}{dt} + \omega_0^2 x = \frac{1}{m}f(t) \tag{2.32}$$

を考えることにする．この方程式の一般解は，外力がない場合の方程式 (2.26) の一般解 (2.28), (2.29)，または式 (2.30) と，外力がある場合の式 (2.32) の解（特解と呼ぶ）の和で与えられる．

外力 $f(t)$ の関数形を具体的に与えて，特解をみつけることにする．ここでは周波数 ω で振動する外力を考えよう．

$$f(t) = f_0\cos(\omega t + \theta_0) \tag{2.33}$$

この問題を解くために，次のようなトリックを使うことにする．元々はバネの伸びであった $x(t)$ は実数の値を持つ関数であるが，これを複素数の値を持つ関数として取り扱うことにする．ただし，実際のバネの伸びはこの関数の実数部分（実部）で与えられるものと考える．そのとき式 (2.33) の外力に対応して，方程式 (2.32) の右辺を

$$\begin{aligned} f(t) &= f_0\,e^{i(\omega t+\theta_0)} \\ &= f_0\,e^{i\theta_0}\,e^{i\omega t} \end{aligned}$$

とおく．方程式 (2.32) の解として

$$x(t) = x_0\,e^{i\omega t}$$

を仮定する．方程式 (2.32) に代入して

$$(-\omega^2 + 2i\gamma\omega + \omega_0^2)x_0\,e^{i\omega t} = \frac{f_0\,e^{i\theta_0}}{m}\,e^{i\omega t}$$

を得る．これより

$$\begin{aligned} x_0 &= \frac{f_0\,e^{i\theta_0}}{m(\omega_0^2 - \omega^2 + 2i\gamma\omega)} \\ &= \frac{f_0\,e^{i(\theta_0-\delta)}}{m\sqrt{(\omega_0^2-\omega^2)^2 + 4\gamma^2\omega^2}} \end{aligned} \tag{2.34}$$

ただし

$$\delta = \tan^{-1} \frac{2\gamma\omega}{\omega_0^2 - \omega^2}$$

を**位相のずれ**と呼び，外力に対して系の応答の位相が遅れる度合いを表す．方程式 (2.32) の特解は，式 (2.33) の実部をとって

$$x(t) = \frac{f_0}{m\sqrt{(\omega_0^2 - \omega^2)^2 + 4\gamma^2\omega^2}} \cos(\omega t + \theta_0 - \delta) \tag{2.35}$$

と考えればよい．このように外力で強制的に引き起こされた振動を**強制振動**と呼ぶ．

図 2.8 に，強制振動の振幅

$$|x_0| = \frac{f_0}{m\sqrt{(\omega_0^2 - \omega^2)^2 + 4\gamma^2\omega^2}}$$

と位相のずれ δ が ω に依存して変化する様子を示す．外力の周波数が系の固有の振動数 ω_0 に近いときに，振動の振幅が大きくなることがわかる（このような現象を**共鳴**，または**共振**と呼ぶ）．また，位相のずれは，$\omega \ll \omega_0$ で外力の変化が系の固有の振動に比べて十分に遅い場合には，位相の遅れは小さく，外力に追随して系が応答するのに対して，$\omega \gg \omega_0$ となって外力の変化が速くなると，系の振動が追随できず半周期分だけ遅れる（$\delta = \pi$）様子がわかる．繰り返しになるが，外力により駆動されている振動の運動方程式 (2.32) の解は，式 (2.28), (2.29), または式 (2.30) で表された一般解と，式 (2.35) で求めた特解の和で与えられる．減衰がある場合に一般解は指数関数的に減衰するものであることから，十分に時間が経過した後は式 (2.35) で表される強制振動のみが残ることとなる．

式 (2.32) の運動方程式と同じ形の方程式で表される現象として，図 2.9 で表される回路の動作がある．コンデンサに蓄えられた電気量を Q とおくと，回路を流れる電流 i は dQ/dt で与えられる．コイルの自己インダクタンスを L，電気抵抗の大きさを R，コンデンサの容量を C として，回路に加えられた交流電圧を $V(t)$ と書くと

$$L\frac{d^2Q}{dt^2} + R\frac{dQ}{dt} + \frac{1}{C}Q = V(t) \tag{2.36}$$

が成り立つ．式 (2.32) と比べると，減衰が電気抵抗によること，固有の振動数 ω_0 は $1/\sqrt{LC}$ で与えられることなどがわかる．このように力学系と同じ方程式で与えられる動作をする電気回路を**等価回路**と呼ぶ．

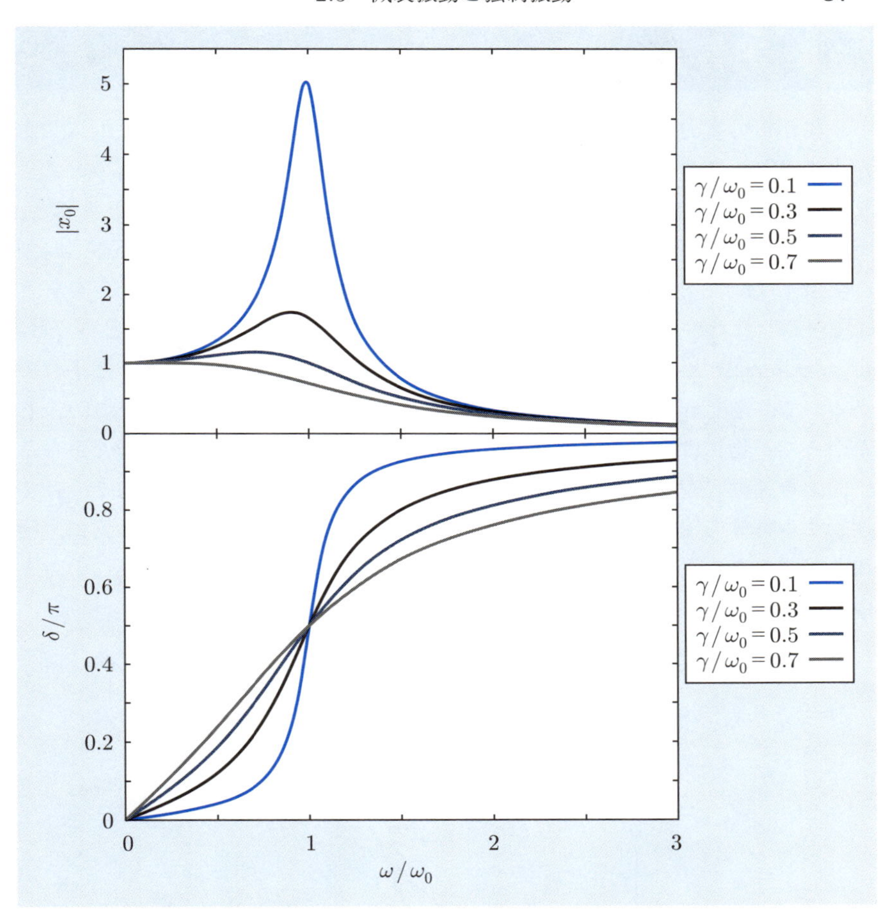

図 2.8 強制振動の振幅と位相のずれの外力の周波数 ω に対する変化.

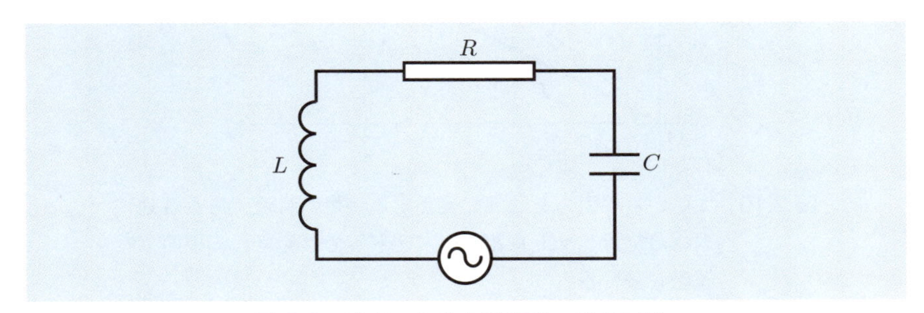

図 2.9 減衰のある強制振動の等価回路.

2.6 万有引力による運動（ケプラーの法則）

太陽からの重力を受けながら太陽の周りを回る惑星の軌道も力学法則にしたがって予測することができる．ここでは，太陽は座標の原点にあるものと考えよう．時刻 t における物体（惑星）の位置ベクトルを $\boldsymbol{r}$，速度を $\boldsymbol{v}$ と書くと，物体には原点に向かう方向（$\boldsymbol{r}$ と平行）に万有引力 $\boldsymbol{F}$ がはたらいている．時刻 $t+\Delta t$ における物体の位置は $\boldsymbol{r}'=\boldsymbol{r}+\boldsymbol{v}\Delta t$ であるので，物体はベクトル $\boldsymbol{r}$ と $\boldsymbol{v}$ で決められた平面上にある．一方，このときの速度は，加速度を $\boldsymbol{a}$ と書くと，$\boldsymbol{v}'=\boldsymbol{v}+\boldsymbol{a}\Delta t$ と与えられる．ところが $\boldsymbol{a}=\boldsymbol{F}/m$（$m$ は質量）は $\boldsymbol{r}$ と平行であるので，速度 $\boldsymbol{v}'$ もベクトル $\boldsymbol{r}$ と $\boldsymbol{v}$ で決められた平面上にある（図 2.10）．したがって，物体はある時刻における位置ベクトルと速度ベクトルでつくられる平面上を運動し続ける．これは，ただ1つの重力の中心から万有引力を受けて運動する物体の運動の著しい特徴の1つである．このように物体には常に，物体と空間のある決まった点を結んだ直線の方向に力がはたらく場合，この力を**中心力**と呼ぶ．

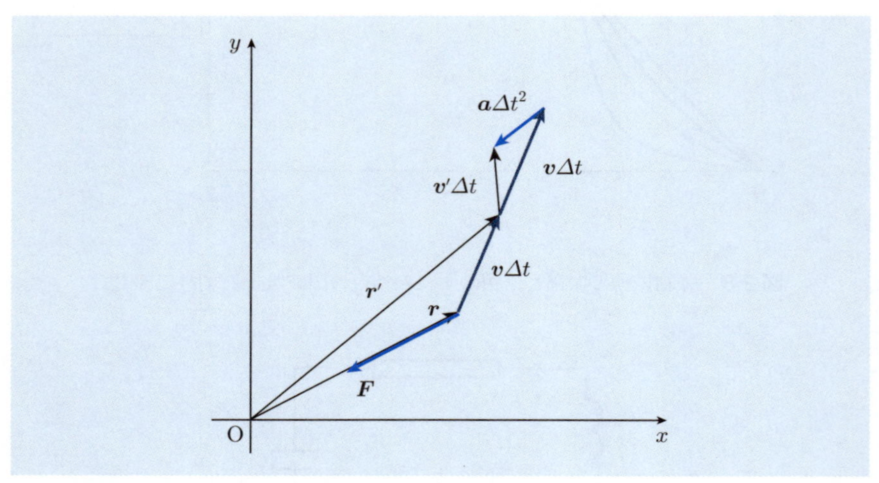

図 2.10　太陽からの引力を受けて運動する惑星の軌道：ある時刻における位置ベクトルと速度ベクトルでつくられる平面上を運動し続ける．

そこで，物体が運動する平面上に x, y 軸をとり，運動方程式を与えよう．物体には原点からの距離の 2 乗に反比例する引力がはたらくので，物体の位置座標を $\boldsymbol{r} = (x, y)$ と書いて

$$m\,\frac{d^2x}{dt^2} = -\frac{GMm}{r^2}\,\frac{x}{r} \tag{2.37}$$

$$m\,\frac{d^2y}{dt^2} = -\frac{GMm}{r^2}\,\frac{y}{r} \tag{2.38}$$

と与えられる．ここで，$r = \sqrt{x^2 + y^2}$ は原点から物体までの距離で，G, M はそれぞれ万有引力定数と原点に置かれた引力の中心（太陽）の質量である．$(\frac{x}{r}, \frac{y}{r})$ は原点から物体に向かう方向の単位ベクトルである．この方程式の両辺に x または y をかけて，右辺と左辺同士を足し引きすれば

$$\begin{aligned} &x\,\frac{d^2x}{dt^2} + y\,\frac{d^2y}{dt^2} = -\frac{GM}{r}, \\ &-y\,\frac{d^2x}{dt^2} + x\,\frac{d^2y}{dt^2} = 0 \end{aligned} \tag{2.39}$$

を得る．ここで第 2 式は

$$\frac{d}{dt}\left(x\,\frac{dy}{dt} - y\,\frac{dx}{dt}\right) = 0 \tag{2.40}$$

を表す．これは後（4.2 節）で詳しく述べるように，**面積速度一定（角運動量の保存）の法則**を表す．

式 (2.39) の第 1 式を詳しく調べてみよう．ここでは極座標

$$x = r\cos\phi, \quad y = r\sin\phi$$

を用いるほうが便利である．これを時間で微分すると

$$\begin{aligned} \dot{x} &= \dot{r}\cos\phi - r\dot{\phi}\sin\phi, \\ \dot{y} &= \dot{r}\sin\phi + r\dot{\phi}\cos\phi \end{aligned}$$

および

$$\begin{aligned} \ddot{x} &= \left(\ddot{r} - r\dot{\phi}^2\right)\cos\phi - \left(r\ddot{\phi} + 2\dot{r}\dot{\phi}\right)\sin\phi, \\ \ddot{y} &= \left(\ddot{r} - r\dot{\phi}^2\right)\sin\phi + \left(r\ddot{\phi} + 2\dot{r}\dot{\phi}\right)\cos\phi \end{aligned}$$

を得る．ただし，$\dot{x}, \ddot{x}$ は x の 1 階，2 階の時間微分を表す．これを式 (2.39) に

代入すると

$$\ddot{r} - r\dot{\phi}^2 = -\frac{GM}{r^2}, \quad r\ddot{\phi} + 2\dot{r}\dot{\phi} = \frac{d}{dt}(r^2\dot{\phi}) = 0 \tag{2.41}$$

が得られる．第2式より $r^2\dot{\phi} =$ 一定（$= L$ とおく．これは4.2節で定義する角運動量である）が得られるので

$$\dot{\phi} = \frac{L}{r^2} \tag{2.42}$$

となる．これを第1式に代入すると

$$\ddot{r} = \frac{L^2}{r^3} - \frac{GM}{r^2} \tag{2.43}$$

が得られる．

ここで r と ϕ はともに時刻 t に依存して変化しているので，r が（t を介して）ϕ とともに変化していると考えれば

$$\frac{d}{dt} = \frac{d\phi}{dt}\frac{d}{d\phi} = \frac{L}{r^2}\frac{d}{d\phi}$$

のように t の微分を ϕ の微分に置き換えることができる．これより

$$\ddot{r} = \frac{L}{r^2}\frac{d}{d\phi}\left(\frac{L}{r^2}\frac{dr}{d\phi}\right) = -\frac{L^2}{r^2}\frac{d^2}{d\phi^2}\left(\frac{1}{r}\right)$$

であるので，式(2.43)は

$$\frac{d^2}{d\phi^2}\left(\frac{1}{r}\right) + \frac{1}{r} = \frac{GM}{L^2} \tag{2.44}$$

となる．この方程式の一般解は A, B を任意の定数として

$$\frac{1}{r} = A\cos\phi + B\sin\phi + \frac{GM}{L^2} \tag{2.45}$$

と与えられる．ここで，$\phi = 0$ で r が最小（物体が最も原点に近づく）と考えると

$$\left[\frac{d}{d\phi}\left(\frac{1}{r}\right)\right]_{\phi=0} = B = 0,$$
$$\left[\frac{d^2}{d\phi^2}\left(\frac{1}{r}\right)\right]_{\phi=0} = -A < 0$$

より

$$r = \frac{\ell}{1 + e\cos\phi} \tag{2.46}$$

が得られる．ここで，$\ell = L^2/GM$, $e = L^2A/GM > 0$ とおいた．また，e は**離心率**と呼ばれるパラメータで，$e > 1$, $e = 1$, $0 < e < 1$ に対して物体の軌跡は，それぞれ双曲線，放物線，楕円を描く（図 2.11）．

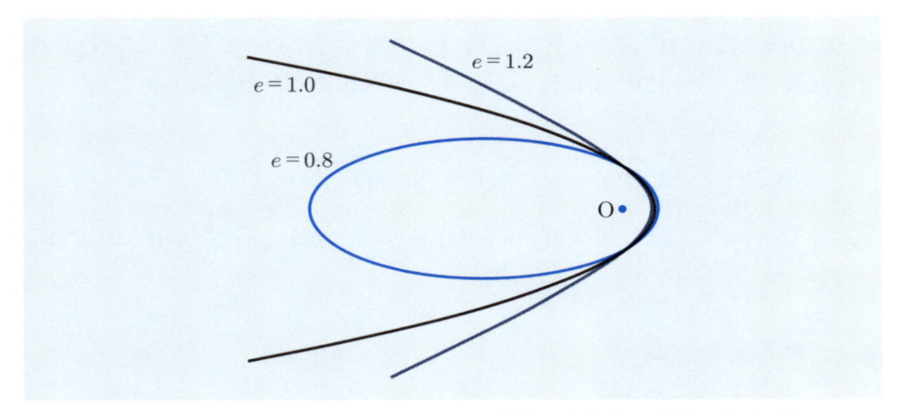

図 2.11　$e > 1$, $e = 1$, $0 < e < 1$ に対応した物体の軌道．点 O が重力中心．

例題 2.4

式 (2.45) が式 (2.44) の一般解となっていることを確かめよ．

【解答】　実際に式 (2.44) に代入すれば，確かめることができる．■

離心率の物理的な意味を理解するために，以下のように考えてみよう．後で詳しく議論するが，万有引力を受けて運動する物体の力学的エネルギーは

$$E = \frac{1}{2}m(\dot{x}^2 + \dot{y}^2) - \frac{GMm}{r} \tag{2.47}$$

と与えられる．

$$\dot{x}^2 + \dot{y}^2 = \dot{r}^2 + (r\dot{\phi})^2 = \dot{r}^2 + \frac{L^2}{r^2}$$

に注意して，式 (2.46) の時間微分を計算すると

$$E=\frac{mL^2}{2\ell^2}(e^2-1) \tag{2.48}$$

が得られる．したがって，$e>1,\ e=1,\ 0<e<1$ は力学的エネルギーの総和が正か 0 か負に対応している．

式 (2.39) の第 2 式は**面積速度一定の法則**を表す．面積速度とは物体の位置ベクトルが単位時間に通過する面積を表す．図 2.12 にその様子を示した．短い時間 Δt の間に物体の位置は点 P から点 Q に移動する．このときの △OPQ の面積が面積速度 $\times\Delta t$ に相当する．点 Q から x 軸に下ろした垂線の足を Q′ とすると

$$\begin{aligned}\triangle\mathrm{OPQ}&=\triangle\mathrm{OQQ'}-\triangle\mathrm{OPQ'}-\triangle\mathrm{QPQ'}\\&=\frac{1}{2}(x+\dot{x}\Delta t)(y+\dot{y}\Delta t)-\frac{1}{2}(x+\dot{x}\Delta t)y-\frac{1}{2}(y+\dot{y}\Delta t)\dot{x}\Delta t\\&=\frac{1}{2}(x\dot{y}-y\dot{x})\Delta t\end{aligned}$$

より，面積速度 v_a は

$$v_a=\frac{1}{2}(x\dot{y}-y\dot{x})=\frac{1}{2}r^2\dot{\phi}=\frac{L}{2} \tag{2.49}$$

と与えられる．また，定義により，$m(x\dot{y}-y\dot{x})$ は角運動量（の z 成分）となっており，面積速度一定の法則は**角運動量の保存則**に他ならない．（物体の運動が平面内に限られることも合わせて）角運動量の大きさが一定に保たれることは，

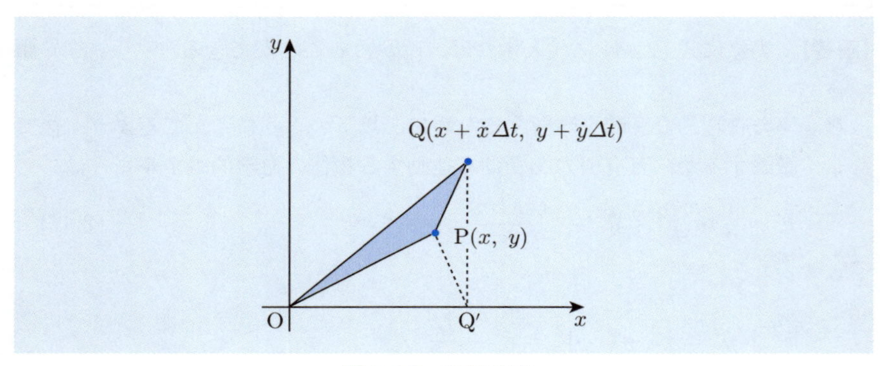

図 2.12　面積速度．

引力の中心が1点だけで，そこからの距離のみに依存した力がはたらく中心力場の大きな特徴である．

面積速度一定の法則は幾何学的にも示すことができる（図2.13）．物体の運動を一定の時間間隔 Δt で追跡すると考えよう．時刻 t で点Pにあった物体は時刻 $t + \Delta t$ には点Qに至る．物体がそのままの速度で運動を続けたとすると，時刻 $t + 2\Delta t$ にはPQをそのまま延長した点R$'$に至るであろう．このときPQ = QR$'$であるので，△OPQの面積は△OQR$'$と等しい．ところが物体には原点Oに向かう力がはたらいているためにその方向に加速度が加わる．したがって，実際には物体は点Rに至るであろう．このときの速度の変化（加速度）の方向は点Qではたらく力の方向であるために，OQ // RR$'$である．したがって，△OQR$'$の面積は△OQRの面積に等しい．以上のことから，△OPQ = △OQR，すなわち，引力の中心Oと物体を結ぶ線分が一定時間 Δt の間に通過する面積は一定（面積速度一定）である．

$e < 1$ の場合は，物体は楕円の周回軌道を回ることになる．この楕円の長軸，短軸の長さを $2a$, $2b$ とおくと

$$a = \frac{\ell}{1 - e^2},$$
$$b = \frac{\ell}{\sqrt{1 - e^2}}$$

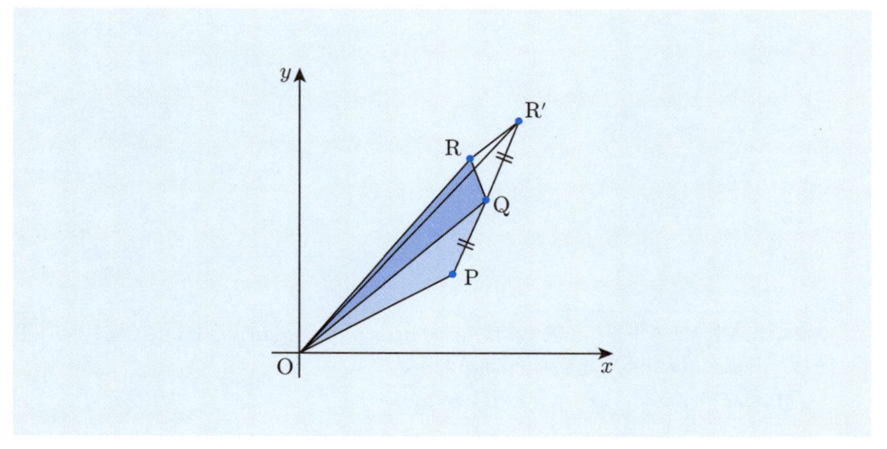

図 2.13　面積速度一定の法則の幾何学的証明.

と与えられる[1)]．この楕円軌道全体の面積は

$$S = \pi ab = \pi\sqrt{\ell a^3}$$

である．この面積を面積速度 (2.49) で通過するので，周回軌道を1回回るのに要する周期 T は

$$T = \frac{S}{v_a} = \frac{2\pi}{\sqrt{GM}}\, a^{3/2}$$

すなわち，$T^2 \propto a^3$ が成り立つ．これを**ケプラーの第3法則**という．ケプラーは，惑星の運動に関する精密な測定を基に，この第3法則と合わせて次のような3つの法則（**ケプラー**（Kepler）**の法則**）を発見した．

ケプラーの法則

(1)　惑星の軌道は太陽を1つの焦点とする楕円である．

(2)　太陽と惑星を結ぶ線分が一定時間に通過する面積は等しい．

(3)　惑星が太陽を1周する時間（周期）の2乗は，軌道の長軸半径の3乗に比例する．

ニュートンの運動方程式は，万有引力の法則（中心力）だけを仮定してケプラーの観測結果を見事に説明する．さらにそれのみならず，初期条件によっては無限遠に飛び去る軌道も存在することを予言したのである．

---

1) 物体の軌跡をデカルト座標で表すには，$x = r\cos\phi$, $y = r\sin\phi$ とおいて，式 (2.46) を考慮して ϕ を消去することにより次式を得る．

$$\frac{(1-e^2)^2}{\ell^2}\left(x + \frac{e\ell}{1-e^2}\right)^2 + \frac{1-e^2}{\ell^2}\, y^2 = 1$$

2章の問題

□**1** 慣性抵抗を受けて自由落下する物体の速度の時間変化を調べよ．

□**2** 自然長 ℓ_0，バネ定数 k が等しい3つのバネを用いて，質量 m の物体を図1のように間隔 2ℓ の床と天井の間で支えている．この物体の上下運動を議論せよ．

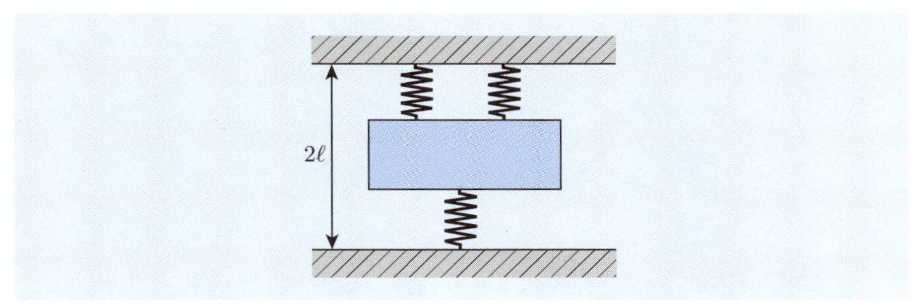

図1 床と天井との間でバネに支えられた物体の運動．

□**3** 質点が固定点Oからの距離に比例する引力 $\boldsymbol{F} = -k\boldsymbol{r}$ を受けて運動するとき，その軌道を求めよ．

□**4** 地球（質量 M）の周りを半径 r の円軌道で回る人工衛星（質量 m）の周期を求めよ．また地球の自転周期[2)]と同じ周期で回る人工衛星（静止衛星）の軌道半径を計算せよ．

□**5** 太陽（質量 M）からの万有引力の作用の下で運動する惑星（質量 m）の持つ力学的エネルギーが式 (2.48) で与えられることを示せ．

□**6** 太陽O（質量 M）からの万有引力の作用の下で双曲線軌道を描いて運動する天体（質量 m）を考える．すなわち天体が太陽から十分離れた無限遠方から飛んできて，太陽からの引力により軌道が曲げられ，無限遠方へ飛び去るとき，無限遠方での速さを v_0，天体の運動方向の変化を θ，軌道の漸近線と太陽の距離を p（**衝突パラメータ**と呼ぶ）としたとき，次の関係が成り立つことを示せ（図3）．

$$\tan\frac{\theta}{2} = \frac{GM}{pv_0^2}$$

[2)] 地球の自転周期 T は，近似的には1日24時間，すなわち $T = 24 \times 3600$ [s] と考えてよい．しかしながら厳密にいえば，地球は太陽の周りを公転しているために，365日の間（365回の南中を迎える間）に地球は366回自転をしている（図2）．したがって，地球の自転の周期は $T = 24 \times 3600 \times 365/366$ [s]（約23時間56分）ととるべきである．

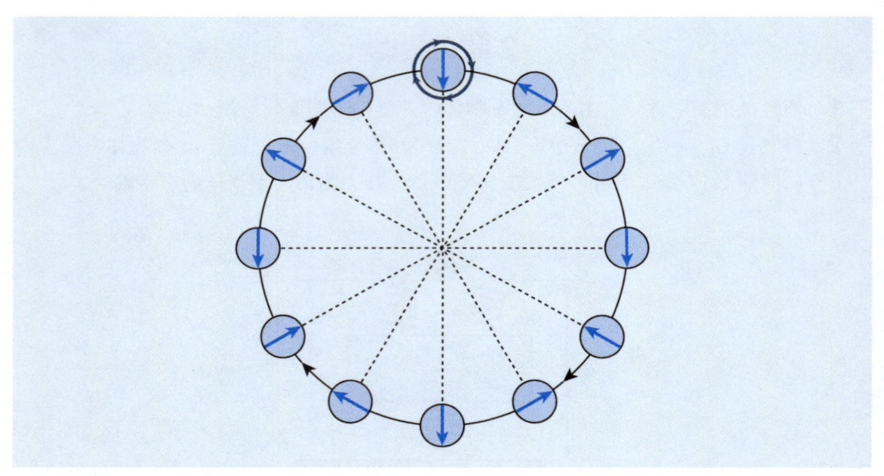

図2　円周上を時計回りに1周する間に，矢印が時計回りに4回回転する．その間に矢印が円の中心を向くのは3回である．

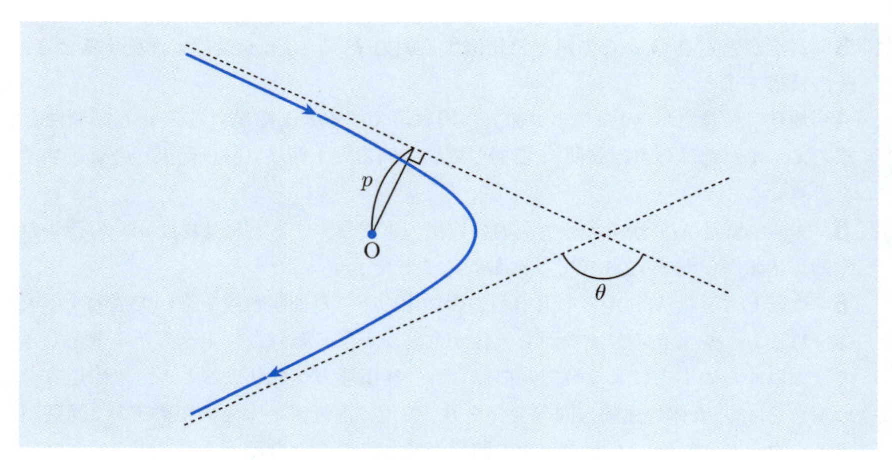

図3　双曲線軌道と漸近線と太陽の位置．

3 エネルギーと仕事

重い荷物を棚の上に載せるとか，あるいは棚から荷物を下ろすといった作業はそれなりに体力を使うので，私たちは仕事をしたと感じる．しかしながら，物理学で仕事とは，私たちの日常生活で単に力を出して作業をしたというのとは少し違った意味で用いられている．この章では，仕事の概念を定義した後，外から加えられた力によりなされた仕事が力学的エネルギーとして物体に蓄えられることをみる．力の作用が物体の速度の変化を引き起こした場合は，仕事は運動エネルギーの形で蓄えられ，物体の位置の変化を引き起こした場合は，ポテンシャルエネルギーの形で蓄えられたと考える．ポテンシャルエネルギーの微分で物体にはたらく力が表されるという保存力の概念を導き，力学的エネルギーの保存則を示す．

3 章で学ぶ概念・キーワード

- 仕事
- 運動エネルギー
- ポテンシャルエネルギー
- 力学的エネルギー，保存力，
  力学的エネルギーの保存

3.1 仕　　事

物体に一定の力 F を加えて，その方向に x だけ移動させたとき，「$W = Fx$ の**仕事**をした」という．もう少し厳密に定義するには，力も物体の移動も大きさと方向を持つベクトル量であることに注意する．力のはたらいていない方向への物体の移動は慣性によるもので，仕事とは結びつかない．つまり，仕事には力の成分の内で物体が移動した方向の成分だけが加算されるということを考慮すれば，力 $\boldsymbol{F}$ の作用の下で，$\boldsymbol{x}$ だけ物体を動かしたときの仕事 W は

$$W = \boldsymbol{F} \cdot \boldsymbol{x} = |\boldsymbol{F}|\,|\boldsymbol{x}| \cos\theta \tag{3.1}$$

と表すことができる（図 3.1）．ここで，$\boldsymbol{F} \cdot \boldsymbol{x}$ はベクトル $\boldsymbol{F}$ と $\boldsymbol{x}$ のスカラー積で，θ はベクトル $\boldsymbol{F}$ と $\boldsymbol{x}$ のなす角であり，$|\boldsymbol{F}| \cos\theta$ は力 $\boldsymbol{F}$ の物体が移動した方向の成分を，$|\boldsymbol{x}|$ は移動距離を与えていると考えればよい．

仕事の単位には J（ジュールとよむ）を用い，1 N の力を加えて物体をその方向に 1 m 移動したときの仕事を 1 J の仕事と定義する．仕事の効率を比べるには，1 秒間にどれだけの仕事をするかを比べればよい．このような 1 秒当たりにする仕事を**仕事率**と呼び，1 秒間に 1 J の仕事をする場合の仕事率を 1 W（ワットとよむ）という．また，仕事率が 1 W の機械を 1 時間動かしたときにされる仕事を，1 Wh（ワット時とよむ）という場合がある．したがって，1 Wh の仕事とは 3600 J の仕事に他ならない．

外から加えられた力によってなされた仕事は物体に蓄えられる．どのような形で蓄えられるかを，次に見てみよう．

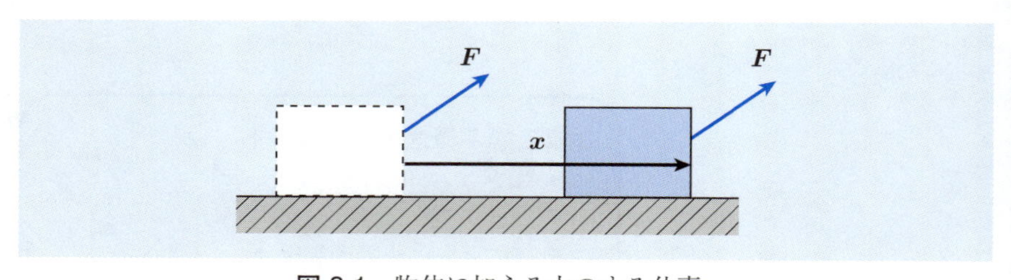

図 3.1　物体に加える力のする仕事.

3.2 運動エネルギー

物体が外部から加えた力 $\boldsymbol{F}$ の下で短い時間 Δt の間に $\Delta\boldsymbol{r}$ だけ移動したとする．この間の力 $\boldsymbol{F}$ がする仕事は

$$\Delta W = \boldsymbol{F} \cdot \Delta\boldsymbol{r}$$

である．物体は速度 $\boldsymbol{v}$ で動いているとすると，Δt の間の移動 $\Delta\boldsymbol{r}$ は

$$\Delta\boldsymbol{r} = \boldsymbol{v}\Delta t$$

である．したがって，この間に力 $\boldsymbol{F}$ のした仕事は

$$\Delta W = \boldsymbol{F} \cdot \boldsymbol{v}\Delta t$$

となる．物体の質量を m として，運動方程式

$$\boldsymbol{F} = m\,\frac{d\boldsymbol{v}}{dt}$$

を代入すれば

$$\begin{aligned}\Delta W &= m\,\frac{d\boldsymbol{v}}{dt} \cdot \boldsymbol{v}\Delta t \\ &= \frac{d}{dt}\left(\frac{1}{2}\,m|\boldsymbol{v}|^2\right)\Delta t \end{aligned} \tag{3.2}$$

が得られる．ここで

$$K = \frac{1}{2}\,m|\boldsymbol{v}|^2 \tag{3.3}$$

を**運動エネルギー**と呼ぶ．式 (3.2) の右辺は，力 $\boldsymbol{F}$ がはたらいていた短い時間 Δt の間の運動エネルギーの変化を表している．以上のことから，力 $\boldsymbol{F}$ が作用して物体に仕事がなされたときに，その仕事は物体の運動エネルギーとして蓄えられたことになる．

3.3 ポテンシャルエネルギー

質量 m の物体をゆっくりと h だけ高いところに持ち上げる場合を考える．このとき物体を支えるために鉛直上向きに力 $F_{\mathrm{ext}} = mg$ を加えているので，この力のした仕事は，力に高低差 h をかけて

$$W = mgh$$

となる．この仕事 W が物体に蓄えられたと考えて，これを**位置エネルギー**または**ポテンシャルエネルギー**という．すなわち，物体に重力とつりあう力を加えて持ち上げたときに，物体はその仕事に相当するポテンシャルエネルギーを獲得したといえる．

この例では，ポテンシャルエネルギーの原因となっている力は重力である．重力のポテンシャルエネルギーは，適当な高さの点を原点にとって，鉛直上向きの座標 z を用いて

$$U(z) = mgz \tag{3.4}$$

と与えられる．$z = h$ にある物体はポテンシャルエネルギー mgh を持っている．質量 m の物体を地面から高さ $z = h$ の点で手を離して自由落下させたとき，地面に到達するのに要する時間は

$$\frac{1}{2}gt^2 = h$$

より，$t = \sqrt{2h/g}$ であり，物体が地面に到達したときの速度は $v = \sqrt{2gh}$ となる．したがって

$$\frac{1}{2}mv^2 = mgh$$

だけの運動エネルギーを獲得したと考えることができる．これは，自由落下によりポテンシャルエネルギーが運動エネルギーに変化したと解釈できる．

同様の考え方は他の力に対しても適用できる．フックの法則にしたがうバネの弾性力の場合，バネの伸び縮みを表す座標をバネが伸びる方向を正として x と書くことにしよう．水平でなめらかな床の上に物体をおいて，一端を壁に固定し他端を物体に取り付けたバネ定数 k のバネを考える．物体を引いてバネの

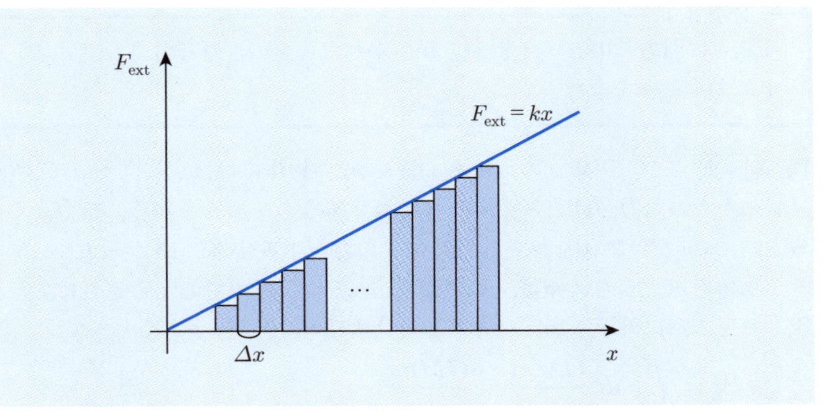

図 3.2　バネを伸ばすために外から加えた力がする仕事.

伸びが x となったとき物体を右方向に引く力は $F_{\rm ext}(x) = kx$ である（図 3.2）. 物体をさらに引いてバネの伸びを dx だけ増加させるために外から加えた力がする仕事は，$dW = F_{\rm ext}\,dx$ となる．またこのとき，バネの伸びが $x + dx$ になるため，力の大きさも $F_{\rm ext}(x + dx) = k(x + dx)$ にならなければならない. したがって，バネの伸びのない状態から dx ずつバネを伸ばして最終的に伸びが x になるまでに外から加えた力がする仕事は，力の大きさが変化することも考慮して

$$W = F_{\rm ext}(0)\,dx + F_{\rm ext}(dx)\,dx + \cdots + F_{\rm ext}(x - dx)\,dx$$

と与えられる．ここで dx を十分に小さくとって，右辺の総和を積分に直せば，伸びが x のバネに蓄えられるポテンシャルエネルギーは

$$\begin{aligned} U(x) &= \int_0^x F_{\rm ext}(x')\,dx' \\ &= \int_0^x kx'\,dx' \end{aligned}$$

より

$$U(x) = \frac{1}{2}\,kx^2 \tag{3.5}$$

と表される.

例題 3.1

原点に引力の中心（質量 M）が置かれた場合の，万有引力のポテンシャルエネルギーを求めよ．

【解答】 原点から距離 r の点にある質量 m の物体には原点に向かって $F(r) = GMm/r^2$ の引力がはたらく．これにつりあう力を加えながら，原点から離れる方向に dr だけ物体を移動した時にこの力がする仕事は $dW = F(r)\,dr$ である．物体を原点からの距離 r の点から dr ずつ引力の中心から遠ざけて，無限遠まで運ぶ際に外から加えた力がした仕事は dr を十分小さくとって

$$W = \int_r^\infty dr\,\frac{GMm}{r^2} = \frac{GMm}{r}$$

となる．この仕事が，引力の中心から r の点に置かれた質量 m の物体のポテンシャルエネルギー $U(r)$ の差 $U(\infty) - U(r)$ と考えれば

$$U(r) = -\frac{GMm}{r} \tag{3.6}$$

を得る．ここで，ポテンシャルエネルギーは原点からの距離 $r = \sqrt{x^2+y^2+z^2}$ だけに依存して，x, y, z をあらわに含まない．このようなポテンシャルエネルギーを**中心力ポテンシャル**と呼ぶ． ■

以上の議論で，物体に作用して仕事をする力 F_{ext} は，物体に作用している重力やバネの弾性力とつりあう力であることに注意しよう．この力を使って，ポテンシャルエネルギーが式 (3.5) のように積分の形で与えられている．F_{ext} とつりあう重力やバネの弾性力は，F_{ext} の符号を変えたものであるので，逆にポテンシャルエネルギーの微分として

$$F = -\frac{dU}{dx} \tag{3.7}$$

と表すことができる．このようにポテンシャルエネルギーの微分として与えられる力を，**保存力**と呼ぶ．ここで「保存」力と呼ばれる意味は，次の 3.4 節で説明する．

より一般的に，ポテンシャルエネルギーが物体の位置座標 $\boldsymbol{r} = (x, y, z)$ の関数として与えられるとき，物体にはたらく力の各成分が

$$\boldsymbol{F} = \left(-\frac{\partial U}{\partial x}, -\frac{\partial U}{\partial y}, -\frac{\partial U}{\partial z}\right) \tag{3.8}$$

と表される[1]．ここで，ポテンシャルエネルギー $U(x, y, z)$ の下にある物体には式 (3.8) の力がはたらくことを，物体が置かれた空間（場所）には物体に力を及ぼす作用（属性）があると考えて，このような属性を持つ空間を**場**と呼ぶ．例えば，原点に質量 M の物体が置かれた空間には常に原点に向かう方向の万有引力を及ぼす属性があると考え，このような空間を**重力場**と呼ぶ．

例題 3.2

原点に置かれた質量 M の引力の中心がつくるポテンシャルエネルギーの式 (3.6) に対して，式 (3.8) にしたがって力を計算し，これが万有引力を表すことを確かめよ．

【解答】 原点からの距離が

$$r = \sqrt{x^2 + y^2 + z^2}$$

であることに注意して，式 (3.8) を計算すれば

$$\boldsymbol{F} = -\frac{GMm}{r^2}\left(\frac{\partial r}{\partial x}, \frac{\partial r}{\partial y}, \frac{\partial r}{\partial z}\right)$$

が得られる．ここで

$$\frac{\partial r}{\partial x} = \frac{2x}{2\sqrt{x^2 + y^2 + z^2}} = \frac{x}{r}$$

であり，$\boldsymbol{F}$ の式に現れたベクトル

$$\left(\frac{\partial r}{\partial x}, \frac{\partial r}{\partial y}, \frac{\partial r}{\partial z}\right) = \left(\frac{x}{r}, \frac{y}{r}, \frac{z}{r}\right)$$

は原点から物体に向かう方向の単位ベクトルである．したがって，ここで得られた力は原点からの距離の 2 乗に反比例し，原点に向かう引力となっている．■

[1] 式 (3.8) は

$$\boldsymbol{F} = -\nabla U$$

と表現されることもある．∇（ナブラ）については付録 A.1 を参照．

式 (3.8) で表現される保存力がはたらく物体に対して，その保存力に抗する力を加えて物体を動かした場合を考える．図 3.3 に示すような空間の 2 点間を結ぶ経路に沿って物体を移動させたとすると，加えた力がした仕事は

$$W = -\int_1^2 \boldsymbol{F} \cdot d\boldsymbol{s}$$

と与えられる．ここで $\boldsymbol{F} \cdot d\boldsymbol{s}$ は保存力 $\boldsymbol{F}$ の経路に沿った成分に微小な積分要素（変位）をかけたものを表す．この仕事はポテンシャルエネルギー $U(\boldsymbol{r})$ を用いて

$$W = U(2) - U(1)$$

で与えられ，点 1 および点 2 の座標だけによって決まり，点 1 から点 2 に至る経路に依らない．これは保存力の重要な性質である．

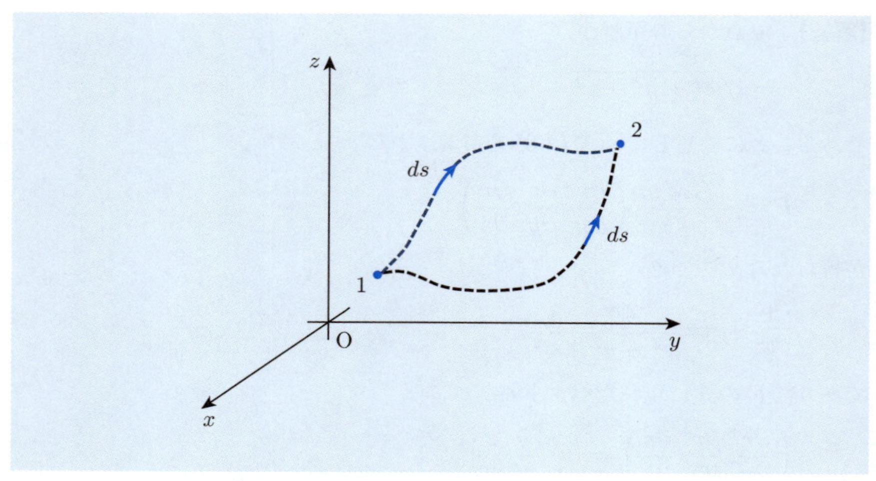

図 3.3　2 点間を結ぶ経路に沿った仕事．

3.4　力学的エネルギーの保存

物体にはたらく力が保存力の場合，運動方程式は式 (3.7) を用いて

$$m\frac{dv}{dt} = -\frac{dU}{dx}$$

と表すことができる．右辺を移項し

$$v = \frac{dx}{dt}$$

をかけると

$$m\frac{dv}{dt}v + \frac{dU}{dx}\frac{dx}{dt} = \frac{d}{dt}\left(\frac{1}{2}mv^2 + U\right) = 0$$

が得られる．これより，運動エネルギーとポテンシャルエネルギーの和

$$E = \frac{1}{2}mv^2 + U(x) \tag{3.9}$$

は時間に依らず一定の値となることがわかる．物体の速度，位置座標がベクトル量として与えられる場合は，式 (3.9) を

$$E = \frac{1}{2}m|\boldsymbol{v}|^2 + U(\boldsymbol{r}) \tag{3.10}$$

と読み換えればよい．運動エネルギーとポテンシャルエネルギーの和を**力学的エネルギー**と呼ぶ．以上のことより，次の法則が成り立つ．

エネルギー保存の法則

物体にはたらく力が保存力の場合，力学的エネルギーの総和は時間に依らず一定に保たれる．

これを**エネルギー保存の法則**という．

万有引力の下で運動する物体のエネルギー保存を考えてみよう．引力の中心（質量 M）が原点に置かれている場合に，質量 m の物体のポテンシャルエネルギーは式 (3.6) で与えられる．力学的エネルギーの保存則は E を定数として

$$E = \frac{1}{2}m(v_x^2 + v_y^2 + v_z^2) - \frac{GMm}{r}$$

と表される．2.6節でみたように，惑星（物体）の軌道は平面内に限られる．この平面内に x, y 軸をとり，それと垂直な方向に z 軸をとれば

$$v_z = 0$$

としてよい．したがって，運動エネルギーの部分は極座標表示を用いて

$$\frac{1}{2}m\left(v_x^2 + v_y^2 + v_z^2\right) = \frac{1}{2}m\left\{\dot{r}^2 + \left(r\dot{\phi}\right)^2\right\}$$

となる．面積速度一定（角運動量の保存）の法則により

$$r^2\dot{\phi} = L \quad (L \text{ は定数})$$

であることを考慮すれば，力学的エネルギーの保存は

$$E = \frac{1}{2}m\dot{r}^2 - \frac{GMm}{r} + \frac{L^2}{2mr^2}$$

と表される．右辺第1項を原点から物体に向かう方向（動径方向）に沿った運動に対する運動エネルギーと解釈すれば，第2項と3項はこれに対応したポテンシャルエネルギーと解釈することができる．ここで右辺の第3項は，しばしば**遠心力ポテンシャル**と呼ばれる．図3.4に，ポテンシャルエネルギーの r に伴う変化を示す．このポテンシャルエネルギーと正の値を持つ運動エネルギーの総和が一定に保たれるので，図に $E =$ 一定の直線を引いたときにポテンシャルエネルギーの曲線からエネルギー一定の直線までの嵩上げが運動エネルギーに相当する．$E \geq 0$ のときは，ポテンシャルエネルギーの曲線の交点が1点となり，この点で運動エネルギーが0，すなわち動径方向の速度が0となる．したがって，無限遠（$r = \infty$）から飛来した物体はこの交点（転回点）のところまで引力中心に接近した後に無限遠に飛び去ることがわかる．一方，$E < 0$ の場合は，ポテンシャルエネルギーの曲線との交点が2点となり，引力中心と物体の距離はこの2つの転回点の間を増減する．すなわち，物体は引力中心から最も離れた点（遠日点）と最も接近した点（近日点）を通る周回軌道を描いて運動する．

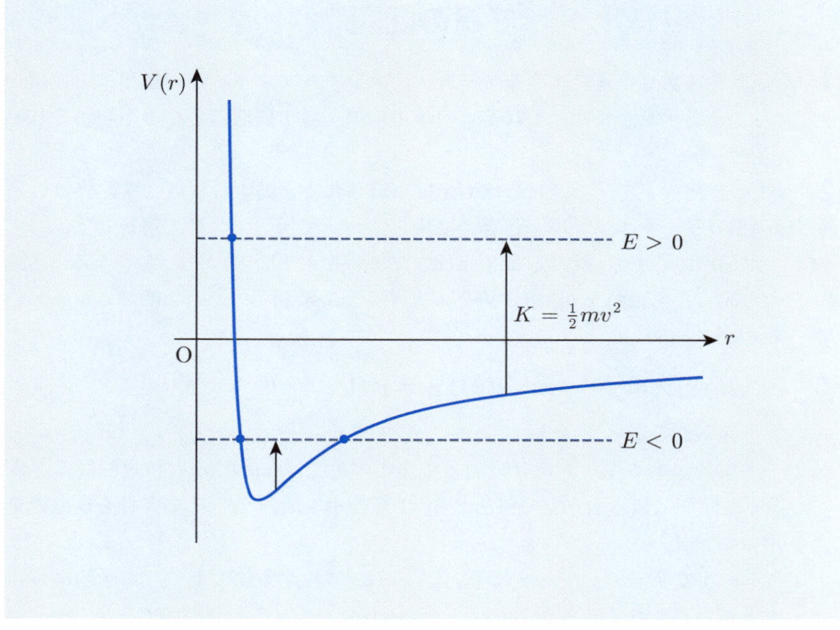

図 3.4　ポテンシャルエネルギーの r 依存性とエネルギー保存則．

負の運動エネルギー

万有引力の下で運動する物体のエネルギー保存の議論では，ポテンシャルエネルギーと正の値を持つ運動エネルギーの総和が一定に保たれることから，ポテンシャルエネルギーの曲線からエネルギー一定の直線までの嵩上げが見込める領域，すなわち運動エネルギーが正の値となる領域だけで位置座標が変化するものと考えた．ところが，これは古典力学（ニュートン力学）の範囲でだけ成り立つ事実で，量子力学が適用される場合には正しくない．量子力学にしたがえば，エネルギーの値がポテンシャルエネルギーよりも低い場合にも，物体（粒子）はそのポテンシャル障壁をすり抜けて運動することが予想される．この現象をトンネル効果と呼ぶ．

3章の問題

□**1**　単振動する質点の運動エネルギーとポテンシャルエネルギーの総和は，常に一定であることを示せ．また，それぞれのエネルギーの1周期にわたる平均が等しいことを示せ．

□**2**　重力の作用の下で，半径 a の球面上に束縛されて運動する質点（質量 m）の運動（**球面振り子**）をエネルギー保存の法則に基づいて，以下の順で解析せよ．

(1)　球面の中心を原点とし，鉛直下向きに z 軸を水平面内に x, y 軸をとる．z 軸から測った天頂角を θ，方位角を ϕ とする極座標表示で，力学的エネルギーの総和が

$$E = \frac{1}{2}ma^2(\dot{\theta}^2 + \sin^2\theta\,\dot{\phi}^2) + mga(1 - \cos\theta)$$

と与えられることを示せ．

(2)　力学的エネルギーの保存に加えて，この系では $x\dot{y} - y\dot{x}$（角運動量の z 成分）が時間に依らず一定の値をとる（1章の章末問題2）．この条件を極座標を用いて表せ．

(3)　$t = 0$ で $\theta = \theta_0$, $\dot{\theta} = 0$, $\phi = 0$, $\dot{\phi} = \omega$ の初期条件の下で，力学的エネルギーが保存されることから，$u = \cos\theta$（$u_0 = \cos\theta_0$）とおいたときに

$$\dot{u}^2 + f(u) = 0$$

の関係が与えられることを示し，$f(u)$ の具体的な形を与えよ．

(4)　前問の結果より，$f(u) \leq 0$ の領域で u が変化する．

$$0 < \frac{a\omega^2 u_0}{g} < 1$$

のときの質点の運動を議論せよ．

□**3**　質量 M，半径 a の密度が一様な球が，その中心から距離 x（$x > a$）の位置に置かれた質量 m の物体に及ぼす万有引力のポテンシャルエネルギーを求めよ．

4 運動量と角運動量

運動している物体の運動の大きさの目安として，運動量を導入する．また，物体の回転運動の大きさの目安として，角運動量を定義する．運動量や角運動量は，運動の過程によってはその大きさが一定に保たれるなど，物体の運動を記述する上で基本的な量である．

4章で学ぶ概念・キーワード

- 運動量，力積，反発係数，弾性衝突，非弾性衝突
- 角運動量

4.1 運 動 量

運動する物体が壁に衝突したときに，壁に与える衝撃の大きさで物体の運動を測ることを考える．同じ速さで運動していても，1 kg の物体が壁に衝突するのと，100 kg の物体が衝突するのでは，壁が受ける衝撃は異なる．また，同じ質量の物体であっても，時速 5 km（人が歩く速さ）で衝突するのと，時速 100 km で衝突するのとでも，壁が受ける衝撃は異なる．したがって，質量 m と速度 $\boldsymbol{v}$ が運動している物体の運動の大きさの目安となる．そこで

$$\boldsymbol{p} = m\boldsymbol{v} \tag{4.1}$$

という量を定義し，物体の**運動量**と呼ぶ．運動量は速度と同様に大きさと向きを持ったベクトル量である．運動方程式 (1.23) の中の加速度は速度の変化の割合の式 (1.5) であることに注意すれば

$$m\frac{d\boldsymbol{v}}{dt} = \boldsymbol{F}$$

と表現することもできる．そこで，運動量を用いると運動方程式は

$$\frac{d\boldsymbol{p}}{dt} = \boldsymbol{F} \tag{4.2}$$

と表現することもできる．

物体が壁に衝突して跳ね返されるとき，物体が壁に接触している極めて短い時間の間だけ力が加わっている．このように，極めて短い時間間隔の間だけはたらく**衝撃力**の効果は，物体にはたらく力とその力が加わっていた時間間隔の積，**力積**として扱われる．運動方程式 (4.2) の運動量の微分を微小な時間 Δt とその間の運動量変化 $\boldsymbol{p}$ の比と考えて

$$\Delta\boldsymbol{p} = \boldsymbol{F}\Delta t$$

と表してみよう．左辺は物体に衝撃が加わった前後の運動量の変化と考えることができて，この変化が物体にはたらく力とその力が加わっていた時間間隔の積（力積）で与えられることを表している．

例題 4.1

秒速 30 m（時速 108 km）の速さで飛んで来た野球のボール（質量 150 [g]= 0.15 [kg]）を手で受け止めたとき，手が受ける力積の大きさを求めよ．またこの力積が 0.1 秒間はたらいていたと考えて，その間に手に加わる力の大きさを見積もってみよ．

【解答】 速度 30 m/s のボールが受け止められることにより，速度 0 の状態になるので，運動量の変化は

$$\Delta p = 0.15 \times 30 = 4.5 \ [\mathrm{N \cdot s}]$$

この運動量の変化を生み出す力とボールを受け止めた手が受ける力は，作用・反作用の関係にあるので，大きさは等しく，向きが反対である．したがって，手は Δt の間に F の力を受けるとして，力積 $F\Delta t$ が運動量の変化分 4.5 N · s に等しい．$\Delta t = 0.1$ [s] とすれば，手が受ける平均の力は 45 N となる．これは，おおむね 4.6 kg の物を持つのに要する力である．■

速度 v_1 で水平面上を運動してきた物体 1（質量 m_1）が静止している物体 2（質量 m_2）に衝突した後の運動を考えよう．衝突後の物体 1, 2 の速度を v_1', v_2' とおく．衝突の瞬間に物体 1 は物体 2 に F の力を及ぼしたとすると，作用・反作用の法則により，物体 2 は物体 1 に $-F$ の力を及ぼす．したがって，それぞれの物体の運動量変化が受けた力による力積に等しいと考えて

$$m_1 v_1' - m_1 v_1 = -F\Delta t,$$
$$m_2 v_2' - m_2 v_2 = F\Delta t$$

ただし，v_2 は衝突前の物体 2 の速度で，静止していたのならば $v_2 = 0$ と考える．両式から $F\Delta t$ を消去すれば

$$m_1 v_1 + m_2 v_2 = m_1 v_1' + m_2 v_2'$$

が得られる．このように，衝突の瞬間に 2 物体が及ぼし合う力が作用・反作用の関係にあるときは，衝突の前後で運動量の総和は不変である．これを**運動量保存**の法則と呼ぶ．

上の衝突の前後の運動エネルギーの変化

$$E' - E = \frac{1}{2} m_1({v_1'}^2 - v_1^2) + \frac{1}{2} m_2({v_2'}^2 - v_2^2)$$

は，物体が互いに及ぼし合う力 F を用いて

$$E' - E = F\left(-\frac{v_1 + v_1'}{2}\Delta t + \frac{v_2 + v_2'}{2}\Delta t\right)$$

と与えられる．ここで右辺は，衝突の間に物体が及ぼし合う力がなす仕事に相当し，衝突が起きて物体が互いに力を及ぼし合っている Δt の間には，それぞれの物体は衝突前後の速度の平均の速さで動いていると解釈できる．衝突の過程での物体1と2の変位が等しければ，この間になされた仕事は0となって運動エネルギーの総和が保存されるが，これが常に成り立つとは限らない．衝突過程における物体間の相互作用の詳細（F と Δt）を考える代わりに，衝突の前後における物体の相対速度の比

$$\frac{v_1' - v_2'}{v_1 - v_2} = -e \tag{4.3}$$

で衝突過程を特徴付けることにする．ここで右辺に負符号を付けたのは，衝突の前後で相対速度の向きが変わることを表している（$e \geq 0$）．この e を物体1と2の**反発係数**と呼ぶ．これと運動量保存の関係を用いれば，衝突の前後のエネルギーの変化は

$$E' - E = \frac{m_1 m_2}{2(m_1 + m_2)}(v_1 - v_2)^2(e^2 - 1)$$

と計算される．$e = 1$ が衝突の前後で相対速度の大きさが変わらない場合を表し，このとき運動エネルギーの総和は保存される．これを**弾性衝突**（または**弾性散乱**）と呼ぶ．一方，$e < 1$ の場合は衝突によりエネルギーが失われ，このような衝突を**非弾性衝突**（または**非弾性散乱**）と呼ぶ．

4.2 角運動量

物体の回転運動の大きさを表す

$$\boldsymbol{\ell} = \boldsymbol{r} \times \boldsymbol{p} \tag{4.4}$$

を**角運動量**と呼ぶ．ここで $\boldsymbol{A} \times \boldsymbol{B}$ は，ベクトル $\boldsymbol{A}$ と $\boldsymbol{B}$ の外積（ベクトル積）を表す（外積（ベクトル積）については付録 A.1 を参照）．角運動量は，物体の回転運動の回転軸の方向を向き，大きさはその回転の速さを表すベクトルである．

図 4.1 に示すように，質量 m の物体に伸び縮みしない糸が付けられて水平面上を物体が回転している運動を考える．糸の他端には一定の力 F が加えられて，この力によって物体は回転半径が一定に保たれて円運動をしているものとする．水平面上に，回転の中心を原点とする座標 x, y をとり，回転の半径を r，糸と x 軸がなす角を θ と表す．それぞれの成分について運動方程式を書くと，糸の他端に加えた力は糸の張力として物体にはたらくので

$$\begin{aligned} m\,\frac{d^2x}{d^2t} &= -F\cos\theta = \frac{F}{r}\,x, \\ m\,\frac{d^2y}{d^2t} &= -F\sin\theta = \frac{F}{r}\,y \end{aligned} \tag{4.5}$$

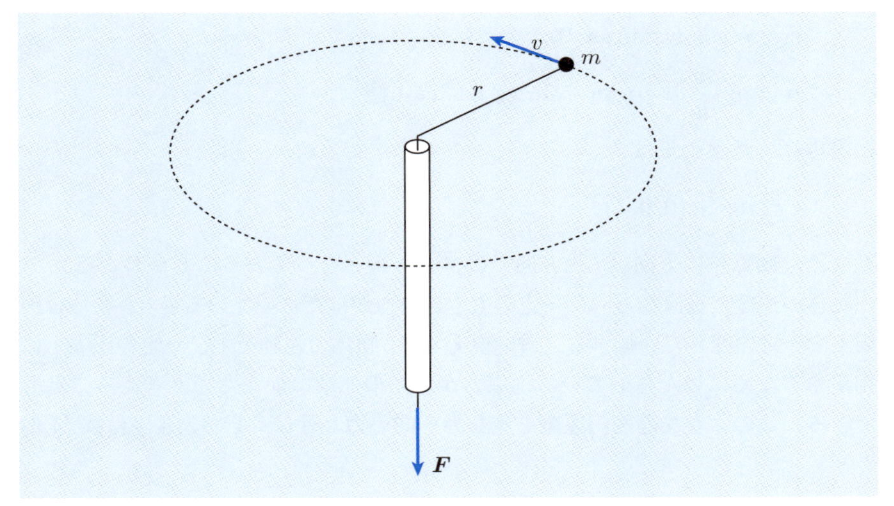

図 4.1　回転半径を一定に保った円運動．

と表すことができる．F と r は定数であるから，物体の運動は x 軸，y 軸方向ともに角周波数

$$\omega = \sqrt{\frac{F}{mr}} \tag{4.6}$$

の単振動となる．

時刻 $t = 0$ で物体は x 軸上の点を速さ v で通過したとすると，初期条件は

$$x(0) = r, \quad \left(\frac{dx}{dt}\right)_{t=0} = 0$$
$$y(0) = 0, \quad \left(\frac{dy}{dt}\right)_{t=0} = v$$

と与えられる．これより物体の運動は

$$x(t) = r\cos\omega t,$$
$$y(t) = \frac{v}{\omega}\sin\omega t$$

と与えられる．物体は長さ r の糸につながれて回転しているので，物体の運動の軌跡は半径 r の円である．このことより

$$v = r\omega$$

が導かれる．物体の位置座標と運動量を改めて

$$\boldsymbol{r} = r(\cos\omega t, \sin\omega t, 0)$$
$$\boldsymbol{p} = m\frac{d\boldsymbol{r}}{dt} = mr\omega(-\sin\omega t, \cos\omega t, 0)$$

と書けば，角運動量は

$$\boldsymbol{\ell} = mr^2\omega(0, 0, 1)$$

となり，回転軸の方向（z 軸方向）のベクトルとなっていることがわかる．

物体の速度と垂直な方向に一定の大きさの力がはたらいている場合，物体は円周上を一定の速さで回転する．言い換えると，物体の運動を半径一定の円周上に拘束するためにはたらいている拘束力が，糸の他端に加えた力と考えることもできる．このような**等速円運動**を生む力を**向心力**と呼び，その大きさは式 (4.6) より

$$F = mr\omega^2 = \frac{mv^2}{r} \tag{4.7}$$

と与えられる．

図 4.1 の装置で，糸の端をゆっくりと力 $\boldsymbol{F}$ の方向に引いて回転半径を変化させた場合に何が起こるかを考えてみよう．ここで，等速円運動の力学的エネルギーは

$$E = \frac{1}{2}mv^2 = \frac{1}{2}mr^2\omega^2 = \frac{\ell^2}{2mr^2}$$

と与えられる．ただし，$\ell = mr^2\omega$ は角運動量の大きさである．糸の端を引いて回転の半径の大きさを r から $r - \Delta r$ に変化させたときに，外力 F のした仕事

$$F\Delta r = mr\omega^2\Delta r = \frac{\ell^2}{mr^3}\Delta r$$

は力学的エネルギーとして蓄えられると考えられる．回転半径が r から $r - \Delta r$ と短くなったときの力学的エネルギーの変化は，この間に角速度 ω は一定に保たれると考えると

$$\Delta E = \frac{m(r-\Delta r)^2\omega^2}{2} - \frac{mr^2\omega^2}{2} \approx -mr\omega^2\Delta r$$

のように減少してしまう．これに対して，角運動量 ℓ が一定に保たれていると考えると

$$\Delta E = \frac{\ell^2}{2m(r-\Delta r)^2} - \frac{\ell^2}{2mr^2} \approx \frac{\ell^2}{mr^3}\Delta r$$

となり，外力のした仕事が力学的エネルギーとして蓄えられたと考えることができる．したがって，外力 F の作用により回転半径を変化させる過程では，角運動量が一定に保たれていると考えなければならない[1]．このとき，回転半径の減少とともに角速度は増加する．これはフィギュアスケートの選手が広げていた腕を縮めるにつれて回転（スピン）の速さが速くなる様子として目にする現象である．

---

[1] 6.4 節で見るように，角運動量の時間変化は物体にはたらくトルクで与えられる．いまの場合は，向心力が回転の中心から物体に向かう位置ベクトルに平行にはたらいているので，物体にはたらくトルクが 0 となって，角運動量が一定に保たれている．

4章の問題

□**1**　量子論によれば，波長 λ の光は運動量 h/λ で運動エネルギー ch/λ の粒子（光子）とみなすことができる．ここで，h はプランク定数，c は光速度である．光子（波長 λ）が静止した電子に衝突して，エネルギー ch/λ' を持って角度 θ の方向に散乱されたとする（図1）．このような電子による光子の散乱を**コンプトン散乱**と呼ぶ．コンプトン散乱においては，散乱による光子の波長ずれと散乱角の間に

$$\lambda' - \lambda = 2\lambda_{\mathrm{c}} \sin^2 \frac{\theta}{2}$$

の関係が成り立つことが知られている．ここで λ_{c} は**コンプトン波長**と呼ばれる．コンプトン散乱において，散乱の前後で電子と光子の運動量とエネルギーが保存されることを考慮して，上の関係を以下の手順にしたがって導け．

(1)　光子の入射方向とそれに垂直な方向の運動量の保存の条件を示せ．また，これより散乱後の電子が持つ運動量 $\boldsymbol{p}$ の大きさは次式で表されることを示せ．

$$|\boldsymbol{p}|^2 = \left(\frac{h}{\lambda'} - \frac{h}{\lambda}\right)^2 + 2\,\frac{h^2}{\lambda\lambda'}(1 - \cos\theta)$$

(2)　散乱前後におけるエネルギー保存の関係を考慮して，上に与えた散乱による光子の波長ずれと散乱角の間に成り立つ関係を導け．ただし，電子（静止質量 m_0）の運動については相対論的効果（付録B）を考慮し，エネルギーと運動量の間に式 (B.14) の関係が成り立つことを仮定せよ．

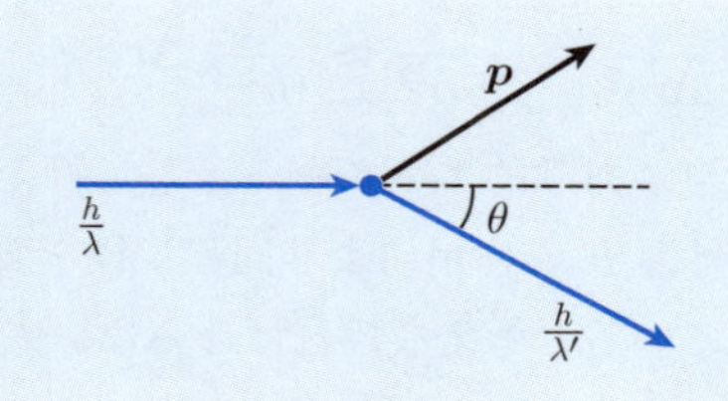

図1　コンプトン散乱．

□**2**　床から高さ h の点より水平方向に初速度 v_0 で投げ出されたピンポン球の運動を議論せよ．特に，ピンポン球が床で弾んで再び最高点に達する位置が1つの放物線上にあることを示せ．ただし，床はなめらかであるとして，ピンポン球と床の反発係数を e（$e < 1$）とする．

□**3**　質量 m で電荷 q を持つ粒子が磁場中を運動するときに，磁場と垂直な方向にローレンツ力 $q\boldsymbol{v} \times \boldsymbol{B}$ がはたらく．ここで，$\boldsymbol{v}$ は粒子の速度，$\boldsymbol{B}$ は磁束密度である．磁場中を運動する粒子のエネルギーと角運動量を求めよ．

5 運動座標系

第１章では慣性の法則が常に成り立つ座標系として慣性系を定義し，慣性系に対してガリレイ変換で関連付けられる座標系は慣性系であることを議論した．この章では，慣性系に対してガリレイ変換で関連付けることのできない場合，すなわち慣性系に対して加速度を持って移動する座標系や，慣性系に対して回転する座標系で物体の運動を観察する場合を考える．このような一般の運動座標系では見かけの力を考える必要があるが，この見かけの力により私たちが日常経験する現象を説明することができる．

５章で学ぶ概念・キーワード

- ダランベールの原理，慣性力
- 並進座標系
- 回転座標系，コリオリ力，遠心力

5.1　ダランベールの原理

物体が加速度 $\boldsymbol{a}$ で運動している場合，運動方程式 (1.23) を

$$\boldsymbol{F} + (-m\boldsymbol{a}) = 0$$

と書くと，この物体には外から加えられた力 $\boldsymbol{F}$ に加えて $-m\boldsymbol{a}$ の力が加わり，その合力がつりあっていると解釈することができる．負符号が付いているのは力の方向が加速度の方向と反対向きであることを表す．この加速度と向きが反対の見かけの力 $-m\boldsymbol{a}$ を**慣性力**と呼ぶ．このように，質量 m の物体が慣性座標に対して加速度 $\boldsymbol{a}$ を持つとき，物体にはたらく外力に加えて $-m\boldsymbol{a}$ の慣性力を考えることにより，外力と慣性力がつりあった状態と考えることができる．これを**ダランベール**（D'Alembert）**の原理**と呼ぶ．

例えば，電車が加速するときに身体が電車の進行方向と逆の方向に引かれるように感じる．これは，電車が加速する向きとは反対の方向に慣性力がはたらいているためである．この慣性力は靴底と床の間の摩擦力とつりあって，私たちは電車に対して静止している．一方，駅のホームから見ている人にとっては，私たちの身体には摩擦力がはたらいて電車の進行方向に引っ張られ，その結果（電車と同じ）加速度で運動していると見えるのである．

ダランベールの原理は運動方程式 (1.23) に基づく動力学の問題を，力のつりあいに基づく静力学の問題に直して考える原理と言われる．とはいえ，これによって新しい知見が得られるわけではなく，解釈の仕方の問題とも思われる．しかしながら，6.5 節で議論する仮想仕事の原理を動力学の場合に拡張するときには，このダランベールの原理の考え方が適用され，それが 8.1 節においては解析力学の議論の出発点ともなっている．ダランベールの原理はそのような力学の発展の中での重要な通過点ともなっている．

5.2　並進座標系

1.3.1 項で議論したように，物体の運動を異なる座標系で観測することを考える．机上に固定した座標系（慣性系）S に対して並進運動する座標系 S′ を考える．すなわち，座標系 S′ の原点は座標系 S で見たときに (x_0, y_0, z_0) にあるものとして，座標系 S の座標軸 x, y, z と座標系 S′ の座標軸 x', y', z' を平行にとる．そこで物体（質量 m）の位置座標をそれぞれの座標系で (x, y, z), (x', y', z') と書くと

$$
\begin{aligned}
x &= x_0 + x', \\
y &= y_0 + y', \\
z &= z_0 + z'
\end{aligned}
\tag{5.1}
$$

の関係がある．したがって，S′ 系の座標は S 系の座標を用いて

$$
\begin{aligned}
x' &= x - x_0, \\
y' &= y - y_0, \\
z' &= z - z_0
\end{aligned}
\tag{5.2}
$$

と与えられる．時刻はいずれの座標系に対しても共通のものと考えて，両辺を時間で 2 階微分すれば

$$
\begin{aligned}
\frac{d^2 x'}{dt^2} &= \frac{d^2 x}{dt^2} - \frac{d^2 x_0}{dt^2}, \\
\frac{d^2 y'}{dt^2} &= \frac{d^2 y}{dt^2} - \frac{d^2 y_0}{dt^2}, \\
\frac{d^2 z'}{dt^2} &= \frac{d^2 z}{dt^2} - \frac{d^2 z_0}{dt^2}
\end{aligned}
\tag{5.3}
$$

を得る．S 系に対する運動方程式

$$
\begin{aligned}
m\,\frac{d^2 x}{dt^2} &= F_x, \\
m\,\frac{d^2 y}{dt^2} &= F_y, \\
m\,\frac{d^2 z}{dt^2} &= F_z
\end{aligned}
\tag{5.4}
$$

を考慮すれば，S′ 系に対する運動方程式

$$
\begin{aligned}
m\frac{d^2x'}{dt^2} &= F_x - m\frac{d^2x_0}{dt^2}, \\
m\frac{d^2y'}{dt^2} &= F_y - m\frac{d^2y_0}{dt^2}, \\
m\frac{d^2z'}{dt^2} &= F_z - m\frac{d^2z_0}{dt^2}
\end{aligned}
\tag{5.5}
$$

が得られる．右辺の第2項は前節で考えた慣性力とみなせばよい．すなわち，慣性系 S に対して加速度 $\boldsymbol{a}$ を持って運動する座標系 S′ 上での運動は，物体にはたらく力 $\boldsymbol{F}$ に加えて，見かけの力

$$
\boldsymbol{F}' = -m\boldsymbol{a} \equiv -m\left(\frac{d^2x_0}{dt^2}, \frac{d^2y_0}{dt^2}, \frac{d^2z_0}{dt^2}\right)
$$

がはたらいているとみなして，運動方程式は

$$
m\frac{d^2\boldsymbol{r}'}{dt^2} = \boldsymbol{F} - m\boldsymbol{a}
$$

と与えられる．

もし，座標系 S′ と慣性系 S がガリレイ変換で結ばれる，すなわち座標系 S′ が慣性系 S に対して一定の速度 (u_0, v_0, w_0) で動くとすると

$$
\begin{aligned}
& x_0 = u_0 t \\
\Rightarrow \quad & \frac{d^2x_0}{dt^2} = \frac{du_0}{dt} = 0
\end{aligned}
$$

より，見かけの力 $\boldsymbol{F}'$ は恒等的に 0 となり，2つの座標系でまったく同じ運動方程式が成り立つこととなる．したがって，この場合は座標系 S′ は慣性系とみなすことができる．

5.3 回転座標系

慣性系 S に対して，一定の角速度で回転する座標系 S′ を考える．簡単のために，それぞれの座標原点と座標軸 z, z' は共通で，S′ 系は S 系に対して一定の角速度 ω で回転するものとする．このとき座標 (x', y', z') と (x, y, z) の間には

$$
\begin{aligned}
x &= x' \cos\omega t - y' \sin\omega t, \\
y &= x' \sin\omega t + y' \cos\omega t, \\
z &= z'
\end{aligned}
\tag{5.6}
$$

の関係がある（図 5.1）．これを t で微分すれば

$$
\begin{aligned}
\frac{dx}{dt} &= \left(\frac{dx'}{dt} - \omega y'\right)\cos\omega t - \left(\frac{dy'}{dt} + \omega x'\right)\sin\omega t, \\
\frac{dy}{dt} &= \left(\frac{dx'}{dt} - \omega y'\right)\sin\omega t + \left(\frac{dy'}{dt} + \omega x'\right)\cos\omega t, \\
\frac{dz}{dt} &= \frac{dz'}{dt}
\end{aligned}
\tag{5.7}
$$

および

$$
\begin{aligned}
\frac{d^2x}{dt^2} &= \left(\frac{d^2x'}{dt^2} - 2\omega\,\frac{dy'}{dt} - \omega^2 x'\right)\cos\omega t \\
&\qquad - \left(\frac{d^2y'}{d^2t} + 2\omega\,\frac{dx'}{dt} - \omega^2 y'\right)\sin\omega t, \\
\frac{d^2y}{dt^2} &= \left(\frac{d^2x'}{dt^2} - 2\omega\,\frac{dy'}{dt} - \omega^2 x'\right)\sin\omega t \\
&\qquad + \left(\frac{d^2y'}{dt^2} + 2\omega\,\frac{dx'}{dt} - \omega^2 y'\right)\cos\omega t, \\
\frac{d^2z}{dt^2} &= \frac{d^2z'}{dt^2}
\end{aligned}
\tag{5.8}
$$

を得る．

慣性系 S に対する運動方程式

$$
m\,\frac{d^2x}{dt^2} = F_x, \quad m\,\frac{d^2y}{dt^2} = F_y, \quad m\,\frac{d^2z}{dt^2} = F_z
\tag{5.9}
$$

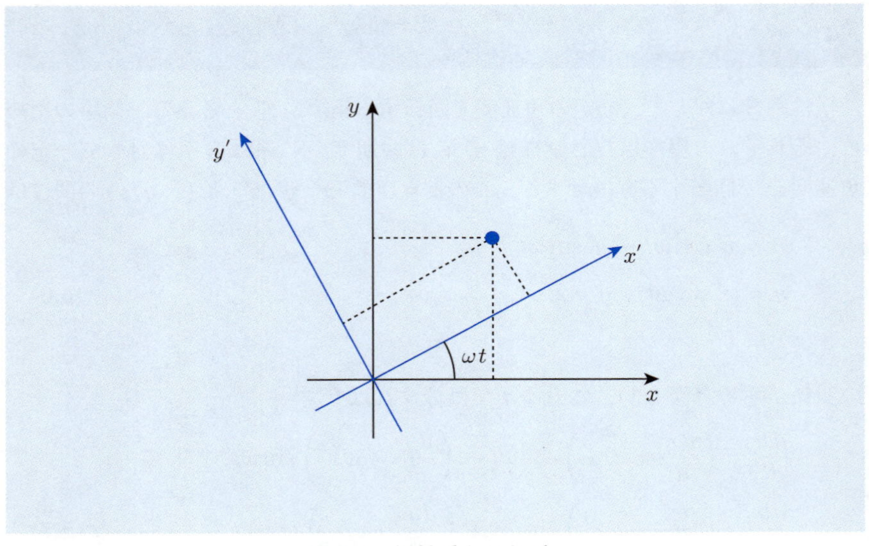

図 5.1 慣性系と回転系.

に対して，回転系 S′ における運動方程式を導きたい．このとき，回転系における力の成分が

$$
\begin{aligned}
F'_x &= F_x \cos\omega t + F_y \sin\omega t,\\
F'_y &= -F_x \sin\omega t + F_y \cos\omega t,\\
F'_z &= F_z
\end{aligned}
\tag{5.10}
$$

と与えられることに注意する．式 (5.8) に $\cos\omega t$, $\sin\omega t$ をかけて，足し引きすることにより

$$
\begin{aligned}
m\,\frac{d^2x'}{dt^2} &= F'_x + 2m\omega\,\frac{dy'}{dt} + m\omega^2 x',\\
m\,\frac{d^2y'}{dt^2} &= F'_y - 2m\omega\,\frac{dx'}{dt} + m\omega^2 y',\\
m\,\frac{d^2z'}{dt^2} &= F'_z
\end{aligned}
\tag{5.11}
$$

を得る．

運動方程式 (5.11) の右辺第 3 項は

$$\begin{aligned}\boldsymbol{F}_1 &= m\omega^2(x', y', 0)\\ &= mr'\omega^2\left(\frac{x'}{r'}, \frac{y'}{r'}, 0\right)\end{aligned} \tag{5.12}$$

と表される．ただし，$r' = \sqrt{x'^2 + y'^2}$ は，回転軸（z 軸）から測った物体までの距離である．したがって，$\boldsymbol{F}_1$ は xy 面内で回転軸から外側に向く**遠心力**を表す．一方，運動方程式 (5.11) の右辺第 2 項

$$\boldsymbol{F}_2 = 2m\omega\left(\frac{dy'}{dt}, -\frac{dx'}{dt}, 0\right) \tag{5.13}$$

は，回転軸に垂直な xy 面内で速度 $(dx'/dt, dy'/dt, 0)$ に対して垂直な方向にはたらく力で**コリオリ**（Colioris）**力**と呼ばれる．図 5.2 に示すように，回転する円盤状の 1 点 A から反対側の点 B に向かってボールを投げたとき，ボールは B に向かって投げ出された初速度と円盤の回転速度を合成した方向に運動する．ボールが円盤の向こう側の縁を通過するときには，円盤状の点 A, B は A′, B′ に移動していることを考えると，点 A から見てボールは右向きの力を受けて運動したように見えるであろう．この右向きの力がコリオリ力である．

運動方程式 (5.11) は，以下のようにして，より一般的な形で導出できる．慣性系 S と回転系 S′ の座標軸の方向を表す単位ベクトル（基底ベクトル）を，そ

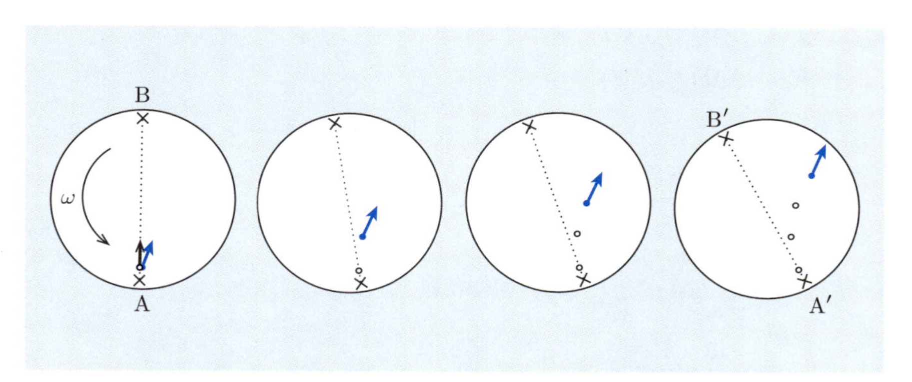

図 5.2 コリオリ力：台車に乗った A が B に向かって投げたボールは，台車の速度と A が投げたボールの速度を合成した速度を持って運動し続ける．A が回転する台車に乗ってボールの行方を追えば，ボールはまっすぐ B に向かわずに右にそれて行くように見える．

れぞれ $(\boldsymbol{i}, \boldsymbol{j}, \boldsymbol{k})$, $(\boldsymbol{i}', \boldsymbol{j}', \boldsymbol{k}')$ と表すことにする．ベクトル $\boldsymbol{A}$ は，それぞれの座標系の基底ベクトルを使って

$$\begin{aligned}\boldsymbol{A} &\equiv A_x \boldsymbol{i} + A_y \boldsymbol{j} + A_z \boldsymbol{k} \\ &= A'_x \boldsymbol{i}' + A'_y \boldsymbol{j}' + A'_z \boldsymbol{k}' \equiv \boldsymbol{A}'\end{aligned} \tag{5.14}$$

と表される．ここで $\boldsymbol{A}'$ は，ベクトル $\boldsymbol{A}$ を回転系の座標成分で表したものという意味でプライム（$'$）を付けて表現した．この式の両辺を時間で微分すれば

$$\begin{aligned}\frac{d\boldsymbol{A}}{dt} &= \frac{dA_x}{dt}\boldsymbol{i} + \frac{dA_y}{dt}\boldsymbol{j} + \frac{dA_z}{dt}\boldsymbol{k} \\ &= \frac{dA'_x}{dt}\boldsymbol{i}' + \frac{dA'_y}{dt}\boldsymbol{j}' + \frac{dA'_z}{dt}\boldsymbol{k}' + A'_x\frac{d\boldsymbol{i}'}{dt} + A'_y\frac{d\boldsymbol{j}'}{dt} + A'_z\frac{d\boldsymbol{k}'}{dt}\end{aligned}$$

が得られる．ここで右辺のはじめの 3 項は，回転系の座標成分の時間微分を成分とするベクトルという意味で

$$\frac{d\boldsymbol{A}'}{dt} = \frac{dA'_x}{dt}\boldsymbol{i}' + \frac{dA'_y}{dt}\boldsymbol{j}' + \frac{dA'_z}{dt}\boldsymbol{k}' \tag{5.15}$$

と書こう．一方，慣性系に対して一定の角速度 ω で回転する座標系 S' で基底ベクトルは，短い時間 Δt の間に

$$\begin{aligned}\boldsymbol{i}'(t+\Delta t) &= \boldsymbol{i}'(t) + \omega\Delta t\,\boldsymbol{j}'(t) \\ \boldsymbol{j}'(t+\Delta t) &= \boldsymbol{j}'(t) - \omega\Delta t\,\boldsymbol{i}'(t) \\ \boldsymbol{k}'(t+\Delta t) &= \boldsymbol{k}'(t)\end{aligned}$$

だけ変化することに注意しよう．そこで，回転軸に平行で，回転にしたがって右ねじが進む方向を向いたベクトル

$$\boldsymbol{\omega} = \omega\boldsymbol{k} = \omega\boldsymbol{k}'$$

を導入すれば，基底ベクトルの時間変化は

$$\begin{aligned}\frac{d\boldsymbol{i}'}{dt} &= \boldsymbol{\omega}\times\boldsymbol{i}' \\ \frac{d\boldsymbol{j}'}{dt} &= \boldsymbol{\omega}\times\boldsymbol{j}' \\ \frac{d\boldsymbol{k}'}{dt} &= \boldsymbol{\omega}\times\boldsymbol{k}'\end{aligned} \tag{5.16}$$

と与えられる．これは，回転軸が必ずしも $\boldsymbol{k} = \boldsymbol{k}'$ でない一般の方向を向いている場合でも成立する関係である．これより

$$
\begin{aligned}
A'_x \frac{d\boldsymbol{i}'}{dt} + A'_y \frac{d\boldsymbol{j}'}{dt} + A'_z \frac{d\boldsymbol{k}'}{dt} &= A'_x \boldsymbol{\omega} \times \boldsymbol{i}' + A'_y \boldsymbol{\omega} \times \boldsymbol{j}' + A'_z \boldsymbol{\omega} \times \boldsymbol{k}' \\
&= \boldsymbol{\omega} \times \boldsymbol{A}'
\end{aligned}
$$

が得られる．したがって，ベクトル $\boldsymbol{A}$ の時間変化は回転系 S$'$ の座標成分でみれば

$$
\frac{d\boldsymbol{A}}{dt} = \frac{d\boldsymbol{A}'}{dt} + \boldsymbol{\omega} \times \boldsymbol{A}'
$$

と表される．これを

$$
\left(\frac{d}{dt}\right)_{\text{慣性系}} = \left(\frac{d}{dt}\right)_{\text{回転系}} + \boldsymbol{\omega}\times \tag{5.17}
$$

と表現しよう．ここで，左辺は慣性系 S の座標成分で表されたベクトルに，右辺は回転系 S$'$ の座標成分で表したベクトルに作用するものと解釈する．

式 (5.17) に注意すれば，物体の位置座標 $\boldsymbol{r}$ に対して

$$
\begin{aligned}
\left(\frac{d^2\boldsymbol{r}}{dt^2}\right)_{\text{慣性系}} &= \left\{ \left(\frac{d}{dt}\right)_{\text{回転系}} + \boldsymbol{\omega}\times \right\}^2 \boldsymbol{r} \\
&= \left(\frac{d^2\boldsymbol{r}}{dt^2}\right)_{\text{回転系}} + 2\boldsymbol{\omega} \times \left(\frac{d\boldsymbol{r}}{dt}\right)_{\text{回転系}} + \boldsymbol{\omega} \times (\boldsymbol{\omega} \times \boldsymbol{r})
\end{aligned} \tag{5.18}
$$

が得られる．これに慣性系 S における運動方程式

$$
m\frac{d^2\boldsymbol{r}}{dt^2} = \boldsymbol{F}
$$

を考慮すれば，回転系 S$'$ における運動方程式は

$$
m\frac{d^2\boldsymbol{r}}{dt^2} = \boldsymbol{F} - 2m\boldsymbol{\omega} \times \frac{d\boldsymbol{r}}{dt} - m\boldsymbol{\omega} \times (\boldsymbol{\omega} \times \boldsymbol{r}) \tag{5.19}
$$

と与えられる．ここで，右辺第 1 項の外力 $\boldsymbol{F}$ は回転系の座標成分で与えられるものである．また，右辺第 2 項，第 3 項がそれぞれ，コリオリ力，遠心力を表す一般的な表式である．

自転する地球上にいる私達は回転座標系で運動を観察している．この様子を考えてみよう．地球とともに運動する観測者からみた座標系として，緯線の方向（東西）に x' 軸，経線の方向（南北）に y' 軸，鉛直方向（上下）に z' 軸をとる．ただし，回転軸は回転座標を考えるときも座標原点を通るものと考えているので，原点は地球の中心にあるとして，観測者のいる地点は $z' = R$（R は地球の半径）の点と考える．観測者がいる点は天頂角 θ の点であるとすると，回転座標系で見た回転ベクトルは

$$\boldsymbol{\omega} = \omega(0, \sin\theta, \cos\theta)$$

と表される（図 5.3）．このとき，コリオリ力は

$$-2m\boldsymbol{\omega} \times \frac{d\boldsymbol{r}}{dt} = 2m\omega\cos\theta\left(\frac{dy'}{dt}, -\frac{dx'}{dt}, 0\right) + 2m\omega\sin\theta\left(-\frac{dz'}{dt}, 0, \frac{dx'}{dt}\right)$$

と与えられる．右辺の第1項は，$x'y'$ 面内で速度に垂直な方向にはたらく力を表し，y' 軸方向（南北）に運動する物体には x' 軸方向（東西）に，x' 軸方向に運動する物体には y' 軸方向に見かけの力がはたらくことを表す．このことが，台風の中心に向かって吹く風は，渦を巻きながら中心に向かうことの原因となる．$\cos\theta$ は $0 < \theta < \pi/2$（北半球）と $\pi/2 < \theta < \pi$（南半球）では符号が逆になるので，渦の向きも反対となる．一方，右辺第2項は，赤道上（$\theta = \pi/2$）では y' 軸が回転軸の方向となるため，これも式 (5.11) で表されるコリオリ力に相当していることがわかる．

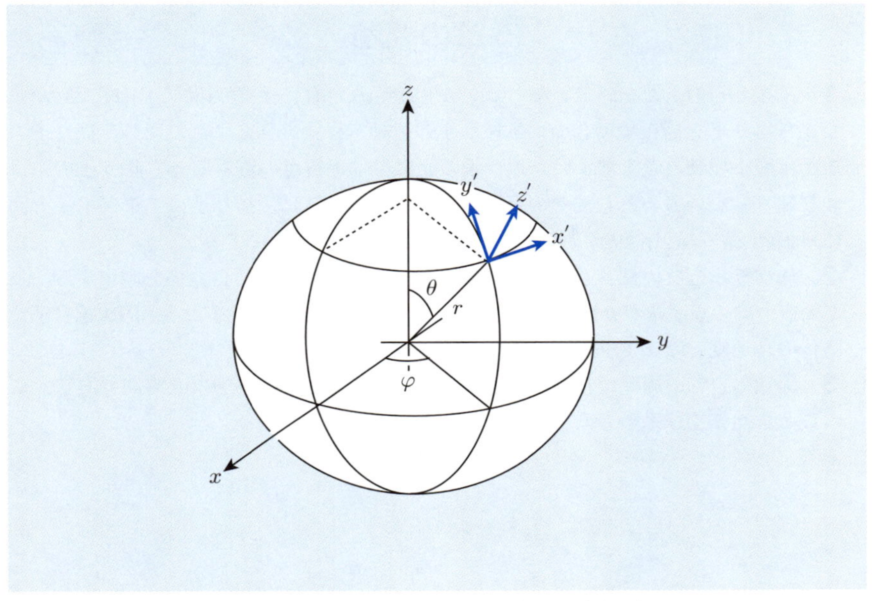

図 5.3　自転する地球上に固定した座標系.

5章の問題

□**1** 単振り子の上端を固定しないで，水平方向に $x_0(t)$，鉛直方向に $y_0(t)$ で動かしながら振り子を揺らす場合の，単振り子の運動方程式を与えよ．ただし，振り子の振動は微小振動と考えてよい．振り子の先に付けた質点の質量は m，振り子の糸は伸び縮みしないものとしてその長さを ℓ とおく．さらに，振り子の上端が水平方向に単振動 $x_0 = a\sin\omega t$ する場合の運動を論ぜよ．

□**2** 伸び縮みしない長さ ℓ の糸の一端に質量 m の物体を付け，他端を固定する．糸と鉛直方向のなす角が θ のまま，物体が水平面内を回転し続けるとき（**円錐振り子**），物体の角速度 ω と θ の間に成り立つ関係を求めよ．

□**3** 地球の自転の周期は正確には24時間ではなく，$24 \times 365/366$ 時間である．このことを回転座標系の考え方に基づいて説明せよ．

6 質点系の力学

この章では，いくつもの物体が互いに力を及ぼしあいながら運動する場合について，個々の物体を質点とみなして，その全体の運動を考えることにする．このような系を質点系と呼ぶ．はじめに2質点系の運動を見た後に，一般の質点系に対して質点系全体の運動量・角運動量とその保存を考える．その後，質点系のエネルギーについて，質点系全体の並進と回転のエネルギーを除いた，個々の質点の相互の運動による力学的エネルギーを考察する．

6章で学ぶ概念・キーワード

- 重心運動，相対運動
- 連成振動，基準振動
- 重心，質量中心，運動量の保存
- 力のモーメント（能率），角運動量の保存
- 仮想仕事の原理
- 慣性テンソル

6.1 重心運動と相対運動

第2章では，物体の運動をただ1つの質点の運動として，その時間変化を運動方程式にしたがって解析した．ところが，実際に力学が扱う問題では，いくつもの物体が互いに力を及ぼしあいながら運動する場合が少なくない．例えば，太陽の周りの地球の公転の問題（ケプラー問題）にしても，実は太陽と地球という2つの物体を考えるべきであるし，他の惑星や月の運動も考慮するとなると，さらに多くの物体が関わることになる．また，原子・分子それぞれを質点と考えて，それらが互いに力を及ぼし合いながら運動する様子を追跡することにより，物質の動的性質を探ろうとする場合もある（これを**分子動力学の方法**という）．この節では，いくつもの物体が互いに力を及ぼし合って運動する系を，個々の物体を質点とみなして，その全体の運動を考えることにする．このような系を**質点系**と呼ぶ．そこでまず，2つの質点の問題を考えよう．

2つの物体1, 2の質量を m_1, m_2，位置座標を $\boldsymbol{r}_1, \boldsymbol{r}_2$ と書くことにする．2つの物体にはそれぞれにはたらく重力のように，互いに及ぼしあう力以外の力もはたらいている．これを**外力**と呼ぶ．物体1, 2にはたらく外力をそれぞれ $\boldsymbol{F}_1$, $\boldsymbol{F}_2$ と書くことにする．一方，物体2が物体1に及ぼす力を $\boldsymbol{F}'$ とすると，作用・反作用の法則により，物体1が物体2に及ぼす力は $-\boldsymbol{F}'$ となる．そこで運動方程式は

$$m_1 \frac{d^2 \boldsymbol{r}_1}{dt^2} = \boldsymbol{F}_1 + \boldsymbol{F}', \quad m_2 \frac{d^2 \boldsymbol{r}_2}{dt^2} = \boldsymbol{F}_2 - \boldsymbol{F}' \tag{6.1}$$

となる．この両辺を足し引きすることにより

$$M \frac{d^2 \boldsymbol{R}}{dt^2} = \boldsymbol{F}_1 + \boldsymbol{F}_2 \tag{6.2}$$

$$\mu \frac{d^2 \boldsymbol{r}}{dt^2} = \boldsymbol{F}' + \mu \left(\frac{\boldsymbol{F}_1}{m_1} - \frac{\boldsymbol{F}_2}{m_2} \right) \tag{6.3}$$

を得る．ここで

$$\boldsymbol{R} = \frac{m_1 \boldsymbol{r}_1 + m_2 \boldsymbol{r}_2}{m_1 + m_2} \tag{6.4}$$

$$\boldsymbol{r} = \boldsymbol{r}_1 - \boldsymbol{r}_2 \tag{6.5}$$

とおいて，$\boldsymbol{R}$ を**重心座標**，$\boldsymbol{r}$ を**相対座標**と呼ぶ．相対座標は物体 2 から物体 1 に向かうベクトルになっていることに注意しよう．つまり，物体 2 から物体 1 の運動を眺めたときの運動を表すのが，相対座標に関する運動方程式 (6.3) である．また式 (6.2), (6.3) で質量に相当する部分は

$$M = m_1 + m_2 \tag{6.6}$$

が物体の全質量を表し

$$\frac{1}{\mu} = \frac{1}{m_1} + \frac{1}{m_2} \tag{6.7}$$

で定義される μ を**換算質量**（reduced mass）と呼ぶ．また，2 物体系の運動エネルギーは

$$K = \frac{m_1}{2}\left(\frac{d\boldsymbol{r}_1}{dt}\right)^2 + \frac{m_2}{2}\left(\frac{d\boldsymbol{r}_2}{dt}\right)^2 = \frac{M}{2}\left(\frac{d\boldsymbol{R}}{dt}\right)^2 + \frac{\mu}{2}\left(\frac{d\boldsymbol{r}}{dt}\right)^2$$

として，重心運動と相対運動の運動エネルギーの和として表される．特に，2 物体にはたらく外力が 0 の場合は，重心運動は等速直線運動となり，相対運動は重心の位置に関わらず 2 物体が互いに及ぼす相互作用だけで決まることになる．

太陽と地球が互いに万有引力で引き合いながら運動する場合を考えよう．地球の質量 m_1 は太陽の質量 m_2 に比べて無視できるほど小さいことに注意しよう（$m_1 \ll m_2$）．またこのとき，太陽と地球にはたらく外力はないと考えている（$\boldsymbol{F}_1 = 0$, $\boldsymbol{F}_2 = 0$）．この仮定の下では

$$M \approx m_2, \quad \frac{1}{\mu} \approx \frac{1}{m_1}$$

また，重心座標は

$$\boldsymbol{R} \approx \boldsymbol{r}_2$$

が成り立つ．重心運動にはたらく力（外力）はないので，重心位置は一定の速度で運動していると考えられる．相対座標は，太陽の位置から眺めた地球の位置座標となっており，相対運動に関わる換算質量はおおむね地球の質量で与えられると考えてよい．以上のようなことにより，2.6 節で太陽は原点において，地球の運動を考えることが許されたのである．

6.2 連成振動

2物体の運動の例として，2つの物体がそれぞれバネで壁につながれており，さらに2つの物体の間にもう1つのバネがつながれた模型の運動を考えよう(図6.1)．2つの物体の質量を m，物体と壁をつなぐバネのバネ定数を k，物体をつなぐバネのバネ定数を k' とする．壁と物体をバネでつないだ状態ではバネは伸びも縮みもしていない自然長となっており，この状態からの2つの物体の変位を，図の右向きを正の方向として，それぞれ x_1, x_2 とおく．物体1は壁との間につながれたバネにより左向きに kx_1 の力を受ける．同様に物体2は壁との間につながれたバネにより左向きに kx_2 の力を受ける．物体の間につながれたバネの伸びは $x_2 - x_1$ で与えられるので，物体1は右向きに，物体2は左向きに $k'(x_2 - x_1)$ の力を受ける．これより運動方程式は

$$\begin{aligned} m\frac{d^2x_1}{dt^2} &= -kx_1 + k'(x_2 - x_1) = -(k+k')x_1 + k'x_2 \\ m\frac{d^2x_2}{dt^2} &= -kx_2 - k'(x_2 - x_1) = k'x_1 - (k+k')x_2 \end{aligned} \tag{6.8}$$

と与えられる．

この運動方程式の解を得るために

$$x_1 = A_1 e^{i\omega t}, \quad x_2 = A_2 e^{i\omega t}$$

の形を仮定しよう．ここで，振幅 A_1, A_2，周波数 ω は運動方程式を満たすように決められる未知数である．これを運動方程式に代入すると

$$m\frac{d^2x_1}{dt^2} = -m\omega^2 A_1 e^{i\omega t} = -(k+k')A_1 e^{i\omega t} + k'A_2 e^{i\omega t}$$

より

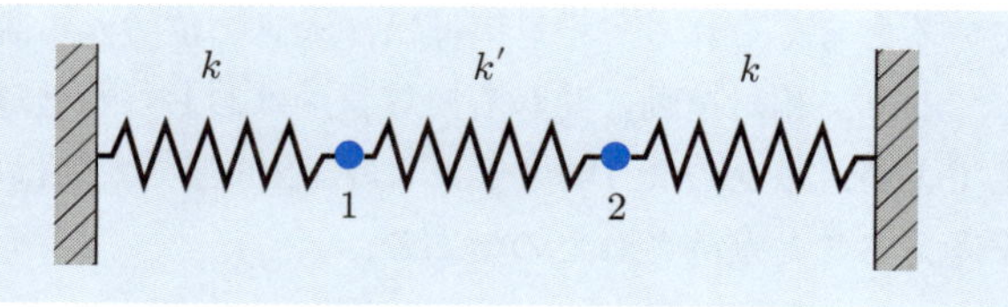

図 6.1 バネにつながれた2つの質点.

$$\begin{pmatrix} m\omega^2-(k+k') & k' \\ k' & m\omega^2-(k+k') \end{pmatrix}\begin{pmatrix} A_1 \\ A_2 \end{pmatrix}=0 \tag{6.9}$$

を得る．これを A_1, A_2 に対する連立方程式とみなしたとき，自明な解 $A_1 = A_2 = 0$ 以外の解を持つ条件は係数行列の行列式が 0 という条件

$$\begin{vmatrix} m\omega^2-(k+k') & k' \\ k' & m\omega^2-(k+k') \end{vmatrix}=0$$

が成り立つ（行列と行列式については，付録 A.2 を参照）．これを解いて

$$\omega^2 = \frac{k}{m}, \quad \frac{k+2k'}{m}$$

が得られる．それぞれの場合に対応した振幅 A_1, A_2 は得られた ω を式 (6.9) に代入して

$$\omega = \omega_1 \equiv \pm\sqrt{\frac{k}{m}} \qquad : A_1 = A_2 \tag{6.10}$$

$$\omega = \omega_2 \equiv \pm\sqrt{\frac{k+2k'}{m}} : A_1 = -A_2 \tag{6.11}$$

と得られる．式 (6.10) の場合は，2 つの物体が同じ位相で振動し，したがって，物体同士をつなぐバネの伸び縮みはない．したがって，振動数は物体同士をつなぐバネのバネ定数には依存しない．一方，式 (6.11) の場合は 2 つの物体が半周期ずれた位相で，すなわち物体 1 が右に変位する時は物体 2 は左に変位するように運動するので，それに伴って物体同士をつなぐバネのバネ定数の分だけ強いバネにつながれたような大きな周波数で振動する．実際の運動は，こうした 2 つの周波数を持つ異なる振動の重ねあわせとして

$$x_1 = Ae^{i\omega_1 t} + A' e^{i\omega_2 t}$$
$$x_2 = Ae^{i\omega_1 t} - A' e^{i\omega_2 t}$$

で与えられる．このように，系全体の振動が異なる周波数の振動の重ねあわせで表されるとき，固有の周波数を持つそれぞれの振動を**基準振動**と呼ぶ．また $k' = 0$ とおくと，2 つの周波数は等しくなるが，これは物体 1, 2 がそれぞれバネ定数 k のバネにつながれて独立に振動していることを表している．

6.3　運動量保存の法則

6.1節では2物体の運動は重心運動と相対運動に分けられることをみた．この様子をさらに多粒子の場合で考えてみよう．それぞれの物体（粒子と考えてもよいし，単に質点と思ってもよい）の質量，位置座標を $m_i, \boldsymbol{r}_i$ と添字 i を付けて区別することにする．物体が全部で N 個あるのならば，$i = 1, 2, \ldots, N$ と番号付けをしたと思えばよい．また，物体 i にはたらく外力を $\boldsymbol{F}_i$，物体 i が物体 j に及ぼす力を $\boldsymbol{F}'_{ij}$ と書くことにする．ここで，作用・反作用の法則により

$$\boldsymbol{F}'_{ij} = -\boldsymbol{F}'_{ji}$$

である．運動方程式は

$$m_i \frac{d^2\boldsymbol{r}_i}{dt^2} = \boldsymbol{F}_i + \sum_j \boldsymbol{F}'_{ji} \tag{6.12}$$

と与えられる．ここで，作用・反作用の法則により

$$\sum_i \sum_j \boldsymbol{F}'_{ji} = 0$$

であることに注意すれば，重心座標

$$\boldsymbol{R} = \frac{\sum_i m_i \boldsymbol{r}_i}{\sum_i m_i} \tag{6.13}$$

に対する運動方程式を導くと

$$M \frac{d^2\boldsymbol{R}}{dt^2} = \sum_i \boldsymbol{F}_i \tag{6.14}$$

が得られる．ここで，M は全質量

$$M = \sum_i m_i$$

である．質点にはたらく外力として重力を考えると，鉛直方向を z 方向にとって運動方程式は

$$M\frac{d^2\boldsymbol{R}}{dt^2} = -Mg(0,0,1)$$

となる．これより，質点系の全重力は式 (6.13) で定義される点に加わっていると見ることができる．このような点を**重心**または**質量中心**と呼ぶ．

個々の物体の運動量

$$\boldsymbol{p}_i = m_i\boldsymbol{v}_i = m_i\frac{d\boldsymbol{r}_i}{dt}$$

を用いて運動方程式を表すと

$$\frac{d\boldsymbol{p}_i}{dt} = \boldsymbol{F}_i + \sum_j \boldsymbol{F}'_{ji} \tag{6.15}$$

と与えられる．この系の全運動量 $\boldsymbol{P}$ は

$$\boldsymbol{P} = \sum_i \boldsymbol{p}_i = M\frac{d\boldsymbol{R}}{dt} \tag{6.16}$$

で，重心運動の運動量に他ならない．全運動量に対する運動方程式は

$$\frac{d\boldsymbol{P}}{dt} = \sum_i \boldsymbol{F}_i \tag{6.17}$$

と与えられるので，全系にはたらく外力の総和が 0 である場合には，全運動量の時間変化がない，すなわち

運動量保存の法則

全系にはたらく外力の総和が 0 である場合には，質点系の運動量の総和が保存される．

これを（質点系の）**運動量保存**の法則と呼ぶ．

6.4　角運動量保存の法則

前節の質点系の議論を続けよう．各質点の角運動量

$$\boldsymbol{\ell}_i = \boldsymbol{r}_i \times \boldsymbol{p}_i$$

に対して，質点系全体の角運動量

$$\boldsymbol{L} = \sum_i \boldsymbol{\ell}_i \tag{6.18}$$

の時間変化を考える．$\boldsymbol{p}_i$ は各質点の運動量である．

$$\frac{d\boldsymbol{L}}{dt} = \sum_i \left(\frac{d\boldsymbol{r}_i}{dt} \times \boldsymbol{p}_i + \boldsymbol{r}_i \times \frac{d\boldsymbol{p}_i}{dt} \right)$$

で，右辺括弧内の第1項は速度 $d\boldsymbol{r}_i/dt$ と運動量は同じ方向を向いたベクトルなので0となる．したがって，運動方程式 (6.12) より

$$\frac{d\boldsymbol{L}}{dt} = \sum_i \boldsymbol{r}_i \times \boldsymbol{F}_i + \sum_i \sum_j \boldsymbol{r}_i \times \boldsymbol{F}'_{ji}$$

となる．ここで，右辺第2項は

$$\begin{aligned}
\sum_i \sum_j \boldsymbol{r}_i \times \boldsymbol{F}'_{ji} &= \frac{1}{2} \sum_i \sum_j \left(\boldsymbol{r}_i \times \boldsymbol{F}'_{ji} + \boldsymbol{r}_j \times \boldsymbol{F}'_{ij} \right) \\
&= \frac{1}{2} \sum_i \sum_j \left(\boldsymbol{r}_i \times \boldsymbol{F}'_{ji} - \boldsymbol{r}_j \times \boldsymbol{F}'_{ji} \right) \\
&= \frac{1}{2} \sum_i \sum_j (\boldsymbol{r}_i - \boldsymbol{r}_j) \times \boldsymbol{F}'_{ji}
\end{aligned} \tag{6.19}$$

と書き直すことができる．万有引力のような中心力の場合は，物体 j が i に及ぼす力は物体 j から i に向かう方向を向いている．このとき，式 (6.19) の寄与は0となる．したがって，全角運動量の時間変化として

$$\frac{d\boldsymbol{L}}{dt} = \boldsymbol{N} \tag{6.20}$$

を得る．ここで

$$\boldsymbol{N} = \sum_i \boldsymbol{r}_i \times \boldsymbol{F}_i \tag{6.21}$$

は，質点系にはたらく力の**モーメント**（**能率**）または**トルク**と呼ばれる量で，質点系の回転を生み出すはたらきを持つ．もし，外力によるモーメントがない場合には，質点系の角運動量は時間とともに変化しない．これを（質点系の）**角運動量保存**の法則と呼ぶ．

6.6 節で議論するように，質点系の運動を重心の周りの運動として捉えると便利なことが多い．そこで各質点の位置を重心の位置からの相対座標として

$$\boldsymbol{r}'_i = \boldsymbol{r}_i - \boldsymbol{R}$$

と表して，重心周りの角運動量を考えよう（$\boldsymbol{R}$ は重心の位置ベクトル）．各質点の重心周りの角運動量の総和として

$$\begin{aligned}\boldsymbol{L}' &= \sum_i m_i \boldsymbol{r}'_i \times \dot{\boldsymbol{r}}'_i \\ &= \sum_i m_i (\boldsymbol{r}_i - \boldsymbol{R}) \times (\dot{\boldsymbol{r}}_i - \dot{\boldsymbol{R}})\end{aligned}$$

を考える．これは質点系の全角運動量 (6.18) を用いて

$$\boldsymbol{L}' = \boldsymbol{L} - M\boldsymbol{R} \times \dot{\boldsymbol{R}}$$

と表される．ここで M は質点系の全質量である．このことより，質点系の全角運動量は重心周りの全角運動量と重心運動の角運動量の総和であることがわかる．重心周りの全角運動量の時間変化は

$$\frac{d\boldsymbol{L}'}{dt} = \frac{d\boldsymbol{L}}{dt} - \boldsymbol{R} \times \sum_i \boldsymbol{F}_i$$

と与えられるが，式 (6.20), (6.21) を考慮すれば

$$\frac{d\boldsymbol{L}'}{dt} = \sum_i \boldsymbol{r}'_i \times \boldsymbol{F}_i$$

が得られる．したがって，重心周りの全角運動量の時間変化は重心周りのモーメントで与えられることがわかる．

6.5 仮想仕事の原理

外から加えた力と質点同士が及ぼしあう力を合わせて，質点 i にはたらく力を $\boldsymbol{f}_i$ と書こう．この力が拘束を破るような成分を持つときは，これに加えて拘束力 $\boldsymbol{f}'_i$ が質点に加わる．この質点系がつりあいの状態にあるとすれば，すべての質点に対して

$$\boldsymbol{f}_i + \boldsymbol{f}'_i = 0$$

が成り立つ．このつりあいの状態で，各質点に拘束条件にしたがう仮想的な変位 $\delta \boldsymbol{r}_i$ を考えると

$$\sum_i (\boldsymbol{f}_i + \boldsymbol{f}'_i) \cdot \delta \boldsymbol{r}_i = 0$$

が成り立つ．ところが，拘束力は拘束条件にしたがう変位に垂直な方向を向いているので

$$\boldsymbol{f}'_i \cdot \delta \boldsymbol{r}_i = 0$$

が成り立つ（式 (1.15)）．したがって

$$\sum_i \boldsymbol{f}_i \cdot \delta \boldsymbol{r}_i = 0 \tag{6.22}$$

となる．これを**仮想仕事の原理**と呼ぶ．

仮想仕事の原理は剛体あるいは弾性体のつりあいを考える際にしばしば用いられるが，ここでは拘束のある系のつりあいについて簡単な例を示そう．質量 m_1, m_2 の質点が一定の距離 ℓ を隔てて置かれた系を考える．2 質点は質量の無視できる棒の両端に固定されていると考えればよい．2 質点を結ぶ直線上の点 O を支点にしたときに，2 質点の重力がつりあう条件を考える（図 6.2）．つまり，天秤のつりあいの条件である．支点から質点の距離をそれぞれ ℓ_1, ℓ_2 とおく（$\ell_1 + \ell_2 = \ell$）．支点の周りで 2 質点をつなぐ棒が $\delta\theta$ だけ回転する仮想変位を考える．この仮想変位は 2 質点が一定の距離を隔てて置かれているという拘束条件にしたがうものである．このとき m_1 の質点は $\ell_1 \delta\theta$ だけ持ち上がり，m_2 の質点は $\ell_2 \delta\theta$ だけ下がるので，仮想仕事の原理にしたがえば

$$-m_1 g\ell_1 \delta\theta + m_2 g\ell_2 \delta\theta = 0$$

が成り立つ．したがって，天秤のつりあいの条件

$$m_1\ell_1 = m_2\ell_2$$

が得られる．

仮想仕事の原理を動力学の場合に拡張するにはダランベールの原理を考慮して

$$\sum_i (\boldsymbol{f}_i - m_i\ddot{\boldsymbol{r}}_i) \cdot \delta\boldsymbol{r}_i(t) = 0 \tag{6.23}$$

と考えればよい．ここで仮想変位は時間にも依存するものとした．この関係は解析力学（8.1 節）の議論の出発点となる．

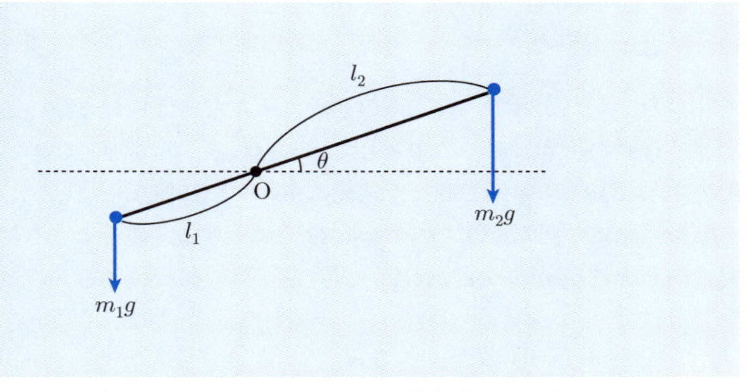

図 6.2　一定の距離を隔てて置かれた 2 質点系のつりあい．

6.6 質点系のエネルギー

各質点の位置を重心の位置 $\boldsymbol{R}$ からの相対座標として

$$\boldsymbol{r}'_i = \boldsymbol{r}_i - \boldsymbol{R}$$

と表そう．これは，質点系全体の並進（質点系の重心の運動）とともに動く座標系で質点系を観測することに相当する．この相対座標を使って質点系の運動エネルギーを表すと

$$\sum_i \frac{1}{2} m_i \left(\frac{d\boldsymbol{r}_i}{dt}\right)^2 = \sum_i \frac{1}{2} m_i \left(\frac{d\boldsymbol{r}'_i}{dt}\right)^2 + \frac{1}{2} M \left(\frac{d\boldsymbol{R}}{dt}\right)^2$$

となる．ここで，重心座標の定義より

$$\sum_i m_i \boldsymbol{r}'_i = 0$$

を用いた．したがって，質点系の運動エネルギーは相対運動の運動エネルギーと重心運動のエネルギーの和として与えられる．相対運動のエネルギーは，重心とともに動く座標系で測った運動エネルギーに他ならない．

質点系全体の回転を表すベクトル $\boldsymbol{\Omega}$ を導入する．重心とともに動く座標系で見た質点の速度 $\boldsymbol{v}'_i = d\boldsymbol{r}'_i/dt$ を，質点系全体の回転によるものとそれ以外の成分に分けて

$$\boldsymbol{v}'_i = \boldsymbol{v}''_i + \boldsymbol{\Omega} \times \boldsymbol{r}'_i \tag{6.24}$$

と表す（式 (5.17) を参照）．ここで，質点系全体の回転を除いた速度の成分がつくる全角運動量は 0 となるとして

$$\sum_i m_i \boldsymbol{r}'_i \times \boldsymbol{v}''_i = 0 \tag{6.25}$$

とおく．これより

$$\hat{I}\boldsymbol{\Omega} = \boldsymbol{L}' \tag{6.26}$$

を得る．ここで，$\boldsymbol{L}'$ は重心とともに平行移動する座標系で見た全角運動量で

$$\boldsymbol{L}' = \sum_i m_i \boldsymbol{r}'_i \times \boldsymbol{v}'_i$$

と与えられる．また，$\widehat{I}$ は

$$(\widehat{I})_{k\ell} = \sum_i m_i \left(|\boldsymbol{r}'_i|^2 \delta_{k\ell} - r'_{ik} r'_{i\ell} \right) \tag{6.27}$$

で定義され，**慣性テンソル**と呼ばれる．ただし，r'_{ik} は $\boldsymbol{r}'_i$ の k（$k = x, y, z$）成分を表す（テンソルについては付録 A.3 を参照）．

ここで，一般に慣性テンソルは非対角要素を持つため，質点系全体の回転ベクトル $\boldsymbol{\Omega}$ と，質点系の角運動量 $\boldsymbol{L}'$ は必ずしも同じ方向を向いていないことに注意しよう．慣性テンソルは 3 行 3 列の対称行列であるので，その固有値・固有ベクトルを $I_i, \boldsymbol{n}_i$（$i = 1, 2, 3$）と書くと

$$\widehat{I}\boldsymbol{n}_i = I_i \boldsymbol{n}_i$$

を満たす（固有値と固有ベクトルについては付録 A.2 を参照）．ここで，固有ベクトル $\boldsymbol{n}_i$（$i = 1, 2, 3$）は互いに直交する単位ベクトルと考えてよい．回転ベクトルを固有ベクトル $\boldsymbol{n}_i$ を使って

$$\boldsymbol{\Omega} = \sum_i \Omega_i \boldsymbol{n}_i$$

と表すと，式 (6.26) は

$$\boldsymbol{L}' = \sum_i I_i \Omega_i \boldsymbol{n}_i$$

となり，回転ベクトル $\boldsymbol{\Omega}$ が固有ベクトル $\boldsymbol{n}_i$ に平行な場合だけ，角運動量が回転ベクトルと平行となる．慣性テンソルの固有ベクトルの方向を**回転の主軸**の方向という．慣性テンソル (6.27) の非対角成分が常に 0 になるような場合は，回転の主軸は x, y, z 軸の方向を向いて，その対角成分が固有値となっていることにも注意しよう．

重心とともに運動する座標系で見たときの運動エネルギーは式 (6.24) より

$$\frac{1}{2} \sum_i m_i |\boldsymbol{v}'_i|^2 = \frac{1}{2} \sum_i m_i |\boldsymbol{v}''_i|^2 + \frac{1}{2} \boldsymbol{\Omega} \widehat{I} \boldsymbol{\Omega} \tag{6.28}$$

と与えられる（ここで，公式 (A.4), (A.5) を用いた）．ここで，第 2 項は質点系全体の回転のエネルギーを表し，第 1 項がそれを除いた運動に対する運動エネルギーになっている．質点系全体の回転エネルギーは

$$\frac{1}{2}\,\boldsymbol{\Omega}\widehat{I}\boldsymbol{\Omega} = \frac{1}{2}\sum_i I_i\,\Omega_i^2$$

と表すこともできる．以上のことより，質点系の運動エネルギー K は

$$K = \frac{1}{2}\sum_i m_i|\boldsymbol{v}_i''|^2 + \frac{1}{2}M|\boldsymbol{V}|^2 + \frac{1}{2}\sum_i I_i\,\Omega_i^2 \tag{6.29}$$

と与えられる．ただし，$\boldsymbol{V}$ は質点系の重心速度 $d\boldsymbol{R}/dt$ である．

質点系に外力がはたらいておらず，質点同士が互いに力を及ぼしあう場合を考えよう．さらに，質点同士の相互作用は質点間の距離にだけ依存する中心力の場合を考える．このとき，質点系の運動量と角運動量は保存される．質点系のポテンシャルエネルギー U は，2 物体間の相互作用のポテンシャルを $\phi(r)$ と書くと

$$U = \frac{1}{2}\sum_{i\neq j}\phi\big(|\boldsymbol{r}_i' - \boldsymbol{r}_j'|\big)$$

と与えられる．このとき，物体 i にはたらく力は

$$\begin{aligned}\sum_j \boldsymbol{F}_{ji}' &= -\sum_j \frac{\partial}{\partial \boldsymbol{r}_i'}\,\phi\big(|\boldsymbol{r}_i' - \boldsymbol{r}_j'|\big)\\ &= -\sum_j \phi'\big(|\boldsymbol{r}_i' - \boldsymbol{r}_j'|\big)\,\frac{\boldsymbol{r}_i' - \boldsymbol{r}_j'}{|\boldsymbol{r}_i' - \boldsymbol{r}_j'|}\end{aligned} \tag{6.30}$$

となる．ただし，$\phi'(r)$ は ϕ の微分 $d\phi/dr$ を表す．質点系の全運動量および全角運動量に加えて，力学的エネルギーも保存されることを考慮すれば

$$E = \frac{1}{2}\sum_i m_i|\boldsymbol{v}_i''|^2 + \frac{1}{2}\sum_{i\neq j}\phi\big(|\boldsymbol{r}_i' - \boldsymbol{r}_j'|\big) \tag{6.31}$$

は一定となる．質点系全体の並進と回転のエネルギーを除いた力学的エネルギーの総和は，質点が気体分子を表すと考えたときには，熱力学で扱う気体の内部エネルギーに相当する．

6章の問題

□**1** なめらかに回転する滑車にひもをかけて，両端に質量 m_1, m_2 の物体を吊るす（図1）．ひもの伸び縮みはないものとして，物体の運動を議論せよ．

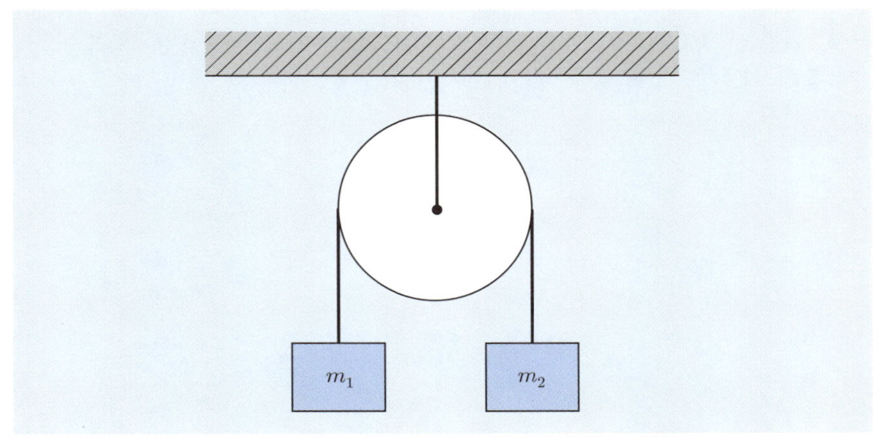

図1 滑車に吊るした物体.

□**2** 図2のように，大小同軸の2個の滑車に糸を巻いてそれぞれに質量 m_1, m_2 の物体を吊るす．これが運動を始めたときにそれぞれの糸の張力を求めよ．ただし，糸は滑らないものとし，滑車の質量は無視できるものとする．

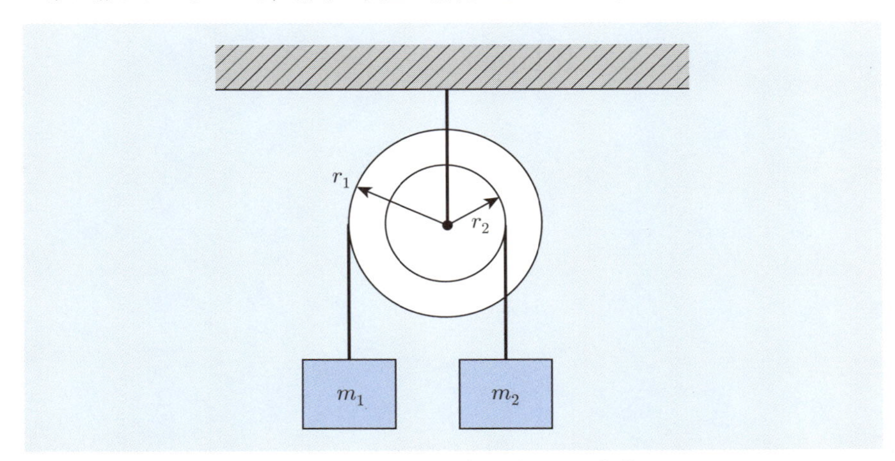

図2 大小同軸の滑車に吊るした物体.

□ **3**　長さ ℓ の糸の一端を固定し，他端に質量 m の質点1を付ける．さらにその質点に同じ長さ ℓ の糸を付けて，他端に質量 m の質点2を付ける．糸はいずれも質量が無視できて，伸び縮みしないものとする．この系を鉛直面内で振らせるときの運動を論ぜよ．ただし，振幅は十分に小さくて質点の鉛直方向の運動は無視できるものとする．

□ **4**　重心とともに運動する座標系で見たときの運動エネルギーが式 (6.28) で与えられることを示せ．

7 剛体の力学

前章までは，物体を大きさのない質点とみなして，質点同士は互いに力を及ぼし合って運動していると考えた．この章では，大きさの無視できないが変形はしない物体の運動を考える．このような物体を剛体と呼ぶ．剛体の運動は，剛体を質点系と考えて，質点の相対位置が変化しないと考えてもよい．本章ではまず剛体のつりあいの条件を考察した後，剛体の動力学を考える．剛体の運動の例として，平面運動と固定点を持った剛体の運動を考える．

7 章で学ぶ概念・キーワード

- 剛体
- 慣性モーメント
- 対称コマ，歳差運動，オイラー角

7.1 剛体のつりあい

前節では，いくつもの物体が互いに力を及ぼし合って運動する系全体の運動を扱った．そこでは物体を大きさのない質点とみなして，質点同士は互いに力を及ぼし合って運動していると考えた．このとき，時間とともに質点の相対位置も変化する．一方，すべての質点間の距離が時間に依らず一定に保たれる場合は，質点の相対位置は保たれたまま，全体として並進および回転をすることとなる．このような系を**剛体**と呼ぶ．

剛体を質点系とみなしたとき，（一直線上にない）3つの質点の位置が与えられれば質点系全体の形が定まる．なぜならば，4つ目以降の質点の位置は始めの3つの質点からの距離が定まっていれば完全に定まるからである．3つの質点の位置座標 $\boldsymbol{r}_i$ $(i = 1, 2, 3)$ を考えると，これには $3 \times 3 = 9$ の成分があるが，それぞれの間の距離が一定に保たれているという付加条件が3つあるので，独立な自由度は $9 - 3 = 6$ となる．この6つの自由度は質点系全体の並進の自由度3つと回転の自由度3つに他ならない．つまり，この6つの自由度の運動を求めれば，任意の剛体の運動は定まる．

剛体の並進および回転運動に対して，前節でみたように運動方程式は

$$\frac{d\boldsymbol{P}}{dt} = \sum_i \boldsymbol{F}_i \tag{7.1}$$

$$\frac{d\boldsymbol{L}}{dt} = \sum_i \boldsymbol{r}_i \times \boldsymbol{F}_i \tag{7.2}$$

と与えられる．ここで，$\boldsymbol{F}_i$, $\boldsymbol{r}_i$ は質点にはたらく外力と質点の位置ベクトルである．剛体が静止している状態（剛体における**つりあいの状態**）とは，剛体が並進も回転もしない状態であるので，外力の総和とともに外力によるモーメントの総和が0となることが剛体が静止する条件となる．

質点にはたらく外力が重力の場合を考えよう．各質点の質量を m_i として，鉛直上向きを z 軸の正の方向にとるとすれば

$$\boldsymbol{F}_i = (0, 0, -m_i g)$$

と表される．これを運動方程式 (7.1), (7.2) に代入すれば

$$\frac{d\boldsymbol{P}}{dt} = (0, 0, -Mg)$$
$$\frac{d\boldsymbol{L}}{dt} = \boldsymbol{R} \times (0, 0, -Mg)$$

が得られる．ここで，$\boldsymbol{R}$ は重心の位置ベクトル (6.13)，M は質点系の全質量（剛体の質量）である．つまりこの場合は，質点系でありながら，力の作用点は必ずしも各質点ではなく，全質量に相当する重力が重心にはたらいていると考えて，剛体にはたらく力およびモーメントを考えればよいということになる．このように，剛体を大きさを無視できない，さらに変形もしない物体と捉えて，力の作用点は実際の状況に即して適当に定めることもできる．

剛体を大きさを無視できない物体と捉えて，剛体のつりあいを考えてみよう．物体を 1 つの回転軸 O の周りで自由に回転できるようにして，物体に力を加える（図 7.1）．物体は回転軸で固定されているので，力を加えてもその方向に動きだすことはない．これは加えた力 $\boldsymbol{F}$ の反作用として，回転軸のところで物体は $\boldsymbol{F}$ と大きさが同じで向きが反対の力 $\boldsymbol{F}'$ を受けているからである．物体に力の作用線が回転軸 O を通らないように，図 7.1 (a) の点 A で $\boldsymbol{F}$ の力を加えた場合，物体は回転を始める．一方，力の作用線が回転軸 O を通るように力の作用

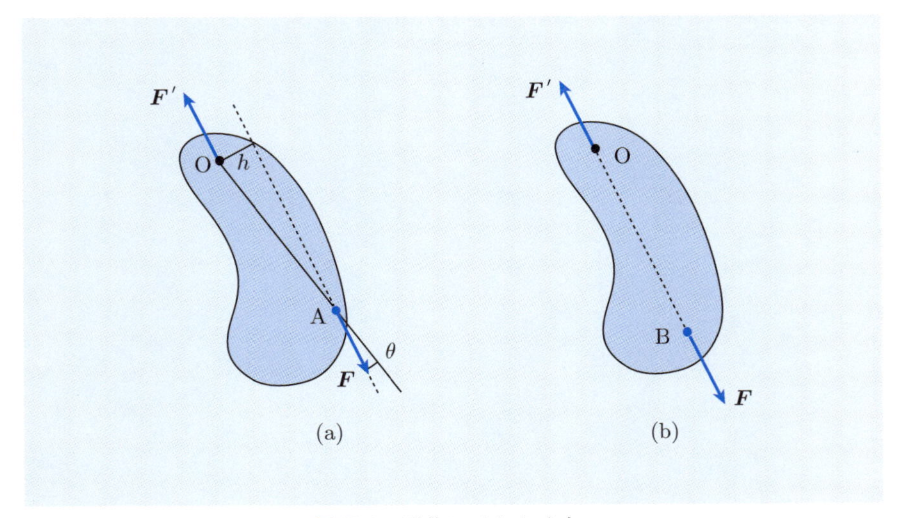

図 7.1　剛体にはたらく力．

点を図7.1 (b) の点Bのように定めた場合には，物体は回転せずに静止し続ける．このように物体を回転させるはたらきは，加えた力の大きさだけでなく，力の作用線が回転軸からどのくらい離れているかが問題となる．そこで回転軸Oから点Aを通る力の作用線に下ろした垂線の長さを h として

$$N = |\boldsymbol{F}|h \tag{7.3}$$

を定義し，これが物体を回転させるはたらきの大きさと考える．この例で物体には互いに平行で向きが逆の力 $\boldsymbol{F}$ と $-\boldsymbol{F}$ がはたらいている．このような力は，物体の並進運動を引き起こすことなく，回転運動だけを起こすはたらきを持ち，**偶力**と呼ばれる．座標の原点を適当にとって，原点から外力の作用点Aに向かうベクトルを $\boldsymbol{r}$，回転軸Oに向かうベクトルを $\boldsymbol{r}'$ と書くと，物体にはたらく力のモーメントの総和は

$$\begin{aligned}\boldsymbol{N} &= \boldsymbol{r} \times \boldsymbol{F} + \boldsymbol{r}' \times \boldsymbol{F}' \\ &= (\boldsymbol{r} - \boldsymbol{r}') \times \boldsymbol{F}\end{aligned}$$

と与えられる．ここで，$\boldsymbol{r} - \boldsymbol{r}'$ は回転軸Oから点Aに向かうベクトルで，これと外力 $\boldsymbol{F}$ とのベクトル積で与えられるモーメントの総和の大きさは，式 (7.3) で定義した物体を回転させるはたらきの大きさになっていることがわかる．

例題 7.1

質量 m，長さ ℓ の一様な太さの棒を，水平の床から鉛直な壁に鉛直からの傾き θ でたてかける．床と壁の摩擦は無視できるものとしたとき，棒が滑って倒れないように棒と床との接点で加えなければならない力の大きさを求めよ．

【解答】　棒は一様な太さであるので，重心はその中心になっている．したがって，棒にはたらく力は重心に鉛直下向きに重力 mg，床との接点で床からの垂直抗力 N_1，棒が倒れないように加える水平方向の力 F，そして壁との接点での壁からの垂直応力 N_2 である（図 7.2）．水平方向の力のつりあい

$$N_2 = F$$

鉛直方向の力のつりあい

$$mg = N_1$$

および，床と棒との接点の周りの力のモーメントのつりあいの条件

$$\frac{1}{2}\,mg\ell\sin\theta = N_2\,\ell\cos\theta$$

より

$$F = \frac{1}{2}\,mg\tan\theta$$

を得る．

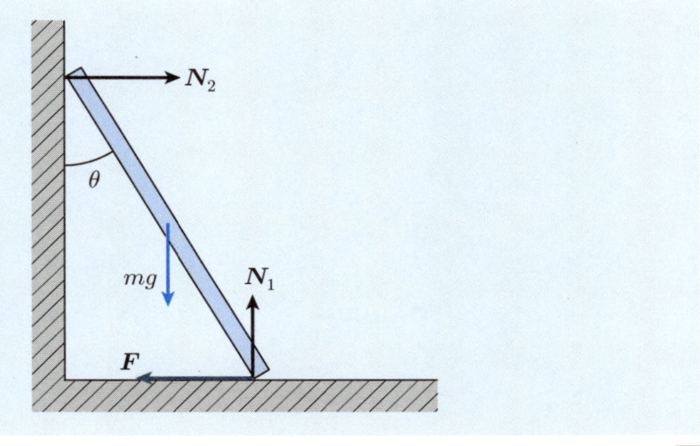

図 7.2　壁にたてかけた棒のつりあい． ■

例題 7.2

例題 7.1 の長さが一定の棒を鉛直壁に立てかける問題を仮想仕事の原理に基づいて，議論せよ．

【解答】 棒と鉛直壁とのなす角が $\theta+\delta\theta$ となる仮想変位を考える．このとき棒と鉛直壁の接点の高さは

$$\ell\cos(\theta+\delta\theta)-\ell\cos\theta\approx-\ell\sin\theta$$

だけ変化し（接点が下がり），棒と水平面の接点は

$$\ell\sin(\theta+\delta\theta)-\ell\sin\theta\approx\ell\cos\theta$$

だけ右に移動する．また，重心は $\ell\sin\theta/2$ だけ下がる．したがって，仮想仕事は

$$\frac{1}{2}mg\ell\sin\theta-F\ell\cos\theta=0$$

となり

$$F=\frac{1}{2}mg\tan\theta$$

が得られる． ■

7.2 慣性モーメント

以下では，1つの軸の周りの回転を考えることにする．ここで，慣性テンソル (6.27) の非対角成分が常に0になるように x, y, z 軸をとることにする．すなわち，x, y, z 軸が回転の主軸となっている場合を考える．剛体を質点系と捉えたとき，慣性テンソルの対角成分は，例えば zz 成分に対して

$$\begin{aligned} I_{zz} &= \sum_i m_i\left(|\boldsymbol{r}_i|^2 - r_{iz}^2\right) \\ &= \sum_i m_i\left(r_{ix}^2 + r_{iy}^2\right) \end{aligned}$$

と与えられる．これを z 軸周りの**慣性モーメント**または**慣性能率**と呼ぶ．ここで $r_{ix}^2 + r_{iy}^2$ は回転軸から測った質点までの距離の2乗になっていることに注意しよう．剛体が z 軸周りに周波数 ω で回転する場合，角運動量は z 軸方向を向いてその大きさは

$$L_z = I_{zz}\,\omega$$

である．慣性モーメントは時間とともに変化しないので，回転の運動方程式は

$$I_{zz}\frac{d\omega}{dt} = N_z$$

と与えられる．ここで N_z はモーメントの総和の z 成分である．

質点の位置ベクトルを，質点系の重心の位置ベクトル $\boldsymbol{R}$ とそこからの相対的な位置ベクトル $\boldsymbol{r}'_i$ で

$$\boldsymbol{r}_i = \boldsymbol{r}'_i + \boldsymbol{R}$$

と表す．このとき慣性モーメント

$$I_{zz} = \sum_i m_i\left\{(r'_{ix} + R_x)^2 + (r'_{iy} + R_y)^2\right\}$$

は，重心座標の定義より

$$\sum_i m_i r'_{ix} = \sum_i m_i r'_{iy} = 0$$

であることに注意すれば

$$I_{zz} = \sum_i m_i\left({r'_{ix}}^2 + {r'_{iy}}^2\right) + M\left(R_x^2 + R_y^2\right) \tag{7.4}$$

と与えられる．ここで，右辺第1項は重心を通る軸の周りの慣性モーメントである．

剛体を質点の集まりではなく，大きさのある物体と考えたときは，物体の密度（単位体積当たりの質量）を $\rho(\boldsymbol{r})$ と書くと，微小な体積 dV 中の物体の質量は $\rho(\boldsymbol{r})\,dV$ と与えられるので，剛体全体からの寄与を足し合わせることにより

$$I_{zz} = \int \rho(\boldsymbol{r})(x^2 + y^2)\,dV$$

と与えられる．

例題 7.3

質量 M，半径 R の円板に対して，重心を通る軸の周りの慣性モーメントを求めよ．

【解答】 円板の単位面積当たりの質量は

$$\rho = \frac{M}{\pi R^2}$$

図7.3のように極座標を用いて微小な面積を表すと $dV = r\,dr\,d\theta$．円板に垂直な軸の周りの慣性モーメントは

$$I_{zz} = \int_0^R r\,dr \int_0^{2\pi} \rho r^2\,d\theta$$

より

$$I_{zz} = \frac{1}{2}MR^2$$

を得る．一方，円板の平面内の軸の周りの慣性モーメントは

$$I_{xx} = \int_0^R r\,dr \int_0^{2\pi} \rho(r\sin\theta)^2\,d\theta$$

より

$$I_{xx} = \frac{1}{4}MR^2$$

となる．

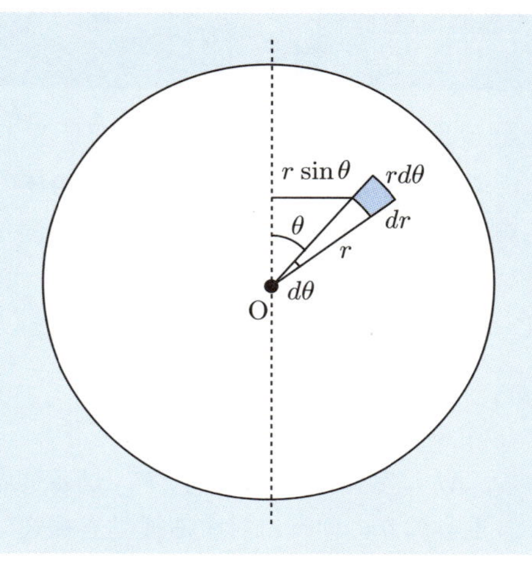

図 7.3 円板上の微小な面積.

例題 7.4

質量 M, 半径 R の球に対して, 重心を通る軸の周りの慣性モーメントを求めよ.

【解答】 球の単位体積当たりの質量は

$$\rho = \frac{M}{\frac{4\pi}{3}R^3}$$

体積要素は極座標を用いて, $dV = r^2\,dr\sin\theta\,d\theta\,d\phi$. 慣性モーメントは

$$I_{zz} = \int_0^R r^2\,dr\int_0^\pi \sin\theta\,d\theta\int_0^{2\pi}\rho(r\sin\theta)^2\,d\phi$$

より

$$I_{zz} = \frac{2}{5}MR^2$$

となる.

7.3 剛体の平面運動

剛体の運動は，重心運動に対する運動方程式 (7.1) と重心周りの回転に対する運動方程式 (7.2) により記述される．この節では，剛体の運動の中で最も単純な場合，すなわち剛体の重心の運動と回転が平面内に限られている場合を考えることにする．そこで，この平面を xy 平面と考えて，重心の位置座標の x, y 成分をそれぞれ X, Y と書くことにすると，式 (7.1) は

$$M\ddot{X} = \sum_i F_{ix}, \quad M\ddot{Y} = \sum_i F_{iy} \tag{7.5}$$

と与えられる．ここで，M は剛体の質量，F_{ix}, F_{iy} は各質点にはたらく力の x, y 成分である．一方，重心周りの回転に対する運動方程式は，以下のように表そう．剛体を質点系と考えて，xy 平面内の質点の位置を極座標を用いて表すと

$$(x_i, y_i) = r_i(\cos\phi_i, \sin\phi_i)$$

と与えられる．ただし，r_i は重心から各質点への距離であり，これは剛体の場合は時間とともに一定に保たれる．したがって，質点の速度は

$$(\dot{x}_i, \dot{y}_i) = r_i\dot{\phi}_i(-\sin\phi_i, \cos\phi_i)$$

と与えられる．ただし，剛体の回転においては，各質点は同じ角速度を持って一様に回転するので，$\dot{\phi}_i$ は i に依らず $\dot{\phi}_i = \dot{\phi}$ とおける．したがって，質点系（剛体）の角運動量（z 成分）は

$$L_z = \sum_i m_i r_i^2 \dot{\phi}$$

と与えられる．ここで

$$I = \sum_i m_i r_i^2$$

は前節で扱った（重心周りの）慣性モーメントである．以上より，回転に対する運動方程式は

$$I\ddot{\phi} = \sum_i (x_i F_{iy} - y_i F_{ix}) \tag{7.6}$$

となる．式 (7.5) と式 (7.6) が剛体の平面運動を記述する運動方程式となる．また，剛体を大きさを無視できない物体と捉えるのであれば，この運動方程式に現れる力 F_{ix}, F_{iy} は個々の質点にはたらく力ではなく，重心を作用点とする重力であるとか，床との接点を作用点とする摩擦力のように解釈すればよい．以下では実際の運動を考えてみよう．

例題 7.5

水平面とのなす角が θ の斜面を転がり落ちる質量 M，半径 a の円柱の運動について，以下の 3 つの場合に分けて調べよ（図 7.4）．ただし，斜面の最大静止摩擦係数，動摩擦係数を μ, μ' とする．

(1)　斜面の摩擦が無視できる場合，すなわち円柱が転がらずに滑り落ちる場合

(2)　円柱が斜面を滑ることなく転がり落ちる場合

(3)　円柱が滑りながら転がり落ちる場合

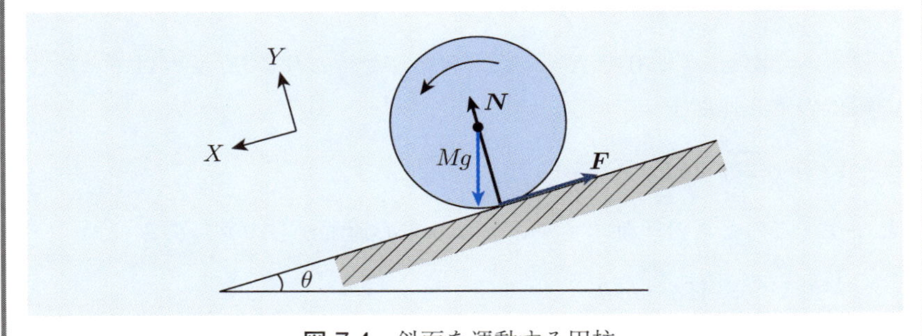

図 7.4　斜面を運動する円柱.

【解答】　質量 M，半径 a の円柱の慣性モーメントは

$$I = \frac{1}{2} M a^2$$

である．図 7.4 のように斜面に沿った方向を X 軸，斜面に垂直な方向を Y 軸にとる．物体にはたらく力は，鉛直下向きの重力，斜面からの垂直抗力 $\boldsymbol{N}$，および斜面に沿った方向の摩擦力 $\boldsymbol{F}$ である．重力の作用点は重心，垂直抗力や摩擦力の作用点は円柱が斜面に接する点と考えると，運動方程式は

$$M\ddot{X} = Mg\sin\theta - F,$$
$$M\ddot{Y} = N - Mg\cos\theta, \tag{7.7}$$
$$I\ddot{\phi} = Fa$$

となる．円柱は斜面を転がり落ちて，斜面から飛び出すことも，斜面にもぐり込むこともないので，Y は一定，すなわち

$$N = Mg\cos\theta$$

が満たされる．

(1) このときは $F = 0$ より

$$\ddot{X} = g\sin\theta$$

すなわち

$$\dot{X} = g\sin\theta\ t, \quad X = \frac{1}{2}g\sin\theta\ t^2 \tag{7.8}$$

を得る．ただし，$t = 0$ で $\dot{X} = X = 0$ とした．これより，ℓ だけ下ったときの剛体の重心速度 V は

$$V = \sqrt{2g\ell\sin\theta}$$

となり，このときの運動エネルギーは，重心運動からの寄与のみで

$$\frac{1}{2}MV^2 = Mg\ell\sin\theta$$

である．

(2) これは斜面の摩擦が大きく，$F < \mu N$ の場合に実現する．また，この場合は円柱の重心運動は転がり（回転運動）だけでつくられるので

$$\dot{X} = a\dot{\phi}$$

である．したがって，運動方程式より

$$Mg\sin\theta - F = \frac{Ma^2}{I}F$$

を得る．円柱に対しては $I = Ma^2/2$ であるので

$$F = \frac{1}{3} Mg \sin\theta \tag{7.9}$$

である．したがって，この状況は斜面の傾きが

$$\tan\theta < 3\mu$$

の場合に実現する．また，式 (7.9) を考慮すれば

$$M\ddot{X} = \frac{2}{3} Mg \sin\theta$$

であるので，ℓ だけ斜面を下ったときの重心運動の運動エネルギーは

$$\frac{1}{2} MV^2 = \frac{2}{3} Mg\ell \sin\theta$$

となる．一方，回転に対する運動方程式は

$$I\ddot{\phi} = \frac{1}{3} Mga \sin\theta$$

より，ℓ だけ斜面を下ったときの角速度 ω は

$$\omega = \frac{1}{a} \sqrt{\frac{4}{3} g\ell \sin\theta}$$

と与えられ，回転のエネルギーが

$$\frac{1}{2} I\omega^2 = \frac{1}{3} Mg\ell \sin\theta$$

となる．

(3) この場合は斜面と円柱との間に動摩擦力 $F = \mu' N$ がはたらいていると考えられる．運動方程式を解けば

$$\begin{aligned} \dot{X} &= g(\sin\theta - \mu' \cos\theta)t, \\ a\dot{\phi} &= 2\mu' gt \cos\theta \end{aligned} \tag{7.10}$$

が得られる．これより，斜面と円柱の接点での滑りの速さは

$$v = \dot{X} - a\dot{\phi} = gt\cos\theta(\tan\theta - 3\mu') \tag{7.11}$$

と与えられる． ■

例題 7.6

図 7.5 のように物体に衝撃力 F を加えたときに，物体を支える手が受ける力が最も小さくなる点が存在する．この点の位置を考察せよ．ただし，衝撃力は重心と衝撃力が加わる点を結ぶ直線と垂直な方向に加えるものとする．また，物体の質量を M，重心周りの慣性モーメントを I とする．

【解答】 衝撃力を加える点 O と重心 G の距離を ℓ とおく．衝撃力により物体が獲得する重心の速度を v，重心周りの角速度を ω と書くと（図 7.5 (a)），加えられた力積 $F\Delta t$，あるいはそれに対応した力のモーメントが，運動量や角運動量の変化に等しいとして

$$Mv = F\Delta t \tag{7.12}$$

$$I\omega = F\ell\Delta t \tag{7.13}$$

と与えられる．このとき，重心 G に対して O と反対側の点 O′ の速さ v' は，GO′ の距離を ℓ' とすると

$$v' = v - \ell'\omega = v\left(1 - \frac{M\ell\ell'}{I}\right)$$

となる．したがって

$$\ell' = \frac{I}{M\ell} \tag{7.14}$$

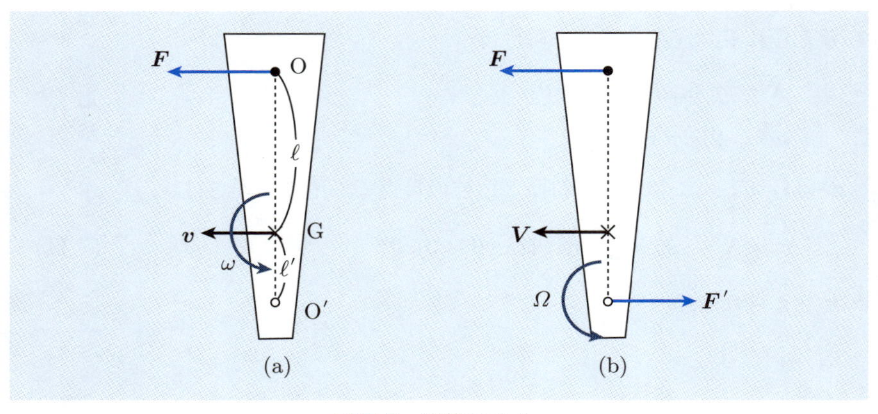

図 7.5　打撃の中心．

の条件が成り立つならば，点 O′ が動く速さ v' は 0 となり，点 O′ が支点となって物体が回転する．したがって，点 O′ を手で支えていたとすれば，手に衝撃は感じられないと期待される．このような点 O′ を，点 O に対する**打撃の中心**と呼ぶ．このことは次のようにも考えることができる．剛体に衝撃力が加わるときに GO 上の点 O′ を手で掴んでいたとして，衝撃力が加わった瞬間に手は物体に F' の力を及ぼす（図 7.5 (b)）．このとき，物体が獲得する重心速度を V と書くと

$$MV = F\Delta t - F'\Delta t$$

となる．一方，衝撃力により点 O′ を支点として物体が角速度 Ω を獲得したとすると，点 O′ の周りの慣性モーメント I' を使って

$$I'\Omega = F(\ell + \ell')\Delta t$$

が成り立つ．ここでは点 O′ の周りの慣性モーメント I' は式 (7.4) より

$$I' = I + M\ell'^2$$

と与えられる．また，重心速度 V は点 O′ を支点とした回転により生じるので

$$V = \ell'\Omega$$

の関係が成り立つ．以上より，手が物体に及ぼす力 F' は

$$F' = \frac{1}{I'}(I - M\ell\ell')F$$

と与えられる．打撃の中心の条件 (7.14) が成り立つならば，$F' = 0$ となり，手が感じる衝撃は 0 となるといえる．スイートスポット（ゴルフのクラブやテニスのラケットで，ボールを打つのに最適の箇所）の物理的な説明である． ■

7.4 固定点を持つ対称コマの運動

軸対称な形状を持った剛体では，対称軸とそれに垂直な2つの方向が回転の主軸となる．対称軸に垂直な方向はどの方向も等価であるので，主軸の方向は任意にとることができて，その慣性モーメントは等しい．このような剛体を**対称コマ**と呼ぶ．以下では，対称コマの対称軸方向の単位ベクトルを $\boldsymbol{k}$，それと垂直な方向の単位ベクトルを $\boldsymbol{i}, \boldsymbol{j}$ と書くことにする．また，$\boldsymbol{i}, \boldsymbol{j}, \boldsymbol{k}$ 方向の慣性モーメントを I_1, I_2, I_3 とおくと，$I_1 = I_2 \neq I_3$ の関係が成り立つ．剛体の重心が固定されている場合，あるいは外力がはたらいていないために重心が等速直線運動を続けている場合は，剛体の運動として回転運動を考えておけばよい．

7.4.1 対称コマの自由回転

剛体にはたらく力のモーメントが0の場合には角運動量が保存される．剛体全体の角運動量 $\boldsymbol{L}$ と剛体の対称軸 $\boldsymbol{k}$ がなす面内に $\boldsymbol{i}$ があるとすると

$$\boldsymbol{L} = I_1 \omega_0 \boldsymbol{i} + I_3 \omega_3 \boldsymbol{k} = L\boldsymbol{k}_0 \tag{7.15}$$

とおくことができる．ω_0, ω_3 はそれぞれの方向の角速度である．角運動量の方向の単位ベクトルを $\boldsymbol{k}_0$ として，角運動量の大きさを L と書いた．剛体の回転を表すベクトル

$$\boldsymbol{\omega} = \omega_0 \boldsymbol{i} + \omega_3 \boldsymbol{k} \tag{7.16}$$

は一般に角運動量ベクトル $\boldsymbol{L}$ とは向きが異なる（図7.6）．式(7.15), (7.16)を使って

$$\boldsymbol{\omega} = \frac{L}{I_1}\boldsymbol{k}_0 + \frac{I_1 - I_3}{I_1}\omega_3 \boldsymbol{k} \tag{7.17}$$

と書き直す．剛体の対称軸上の点の位置ベクトルは $\boldsymbol{r} = \ell\boldsymbol{k}$（$\ell$ は回転の中心＝重心から測った距離）と与えられるので，回転の速度ベクトルは

$$\boldsymbol{v} = \boldsymbol{\omega} \times \boldsymbol{r} = \frac{L}{I_1}\ell\boldsymbol{k}_0 \times \boldsymbol{k}$$

と与えられる．$\boldsymbol{k}_0 \times \boldsymbol{k}$ は，$\boldsymbol{k}_0$ と $\boldsymbol{k}$ が作る平面に垂直で，$\ell|\boldsymbol{k}_0 \times \boldsymbol{k}|$ は $\boldsymbol{k}_0$ と $\boldsymbol{k}$ がなす角 θ を使って $\ell\sin\theta$ と与えられるので

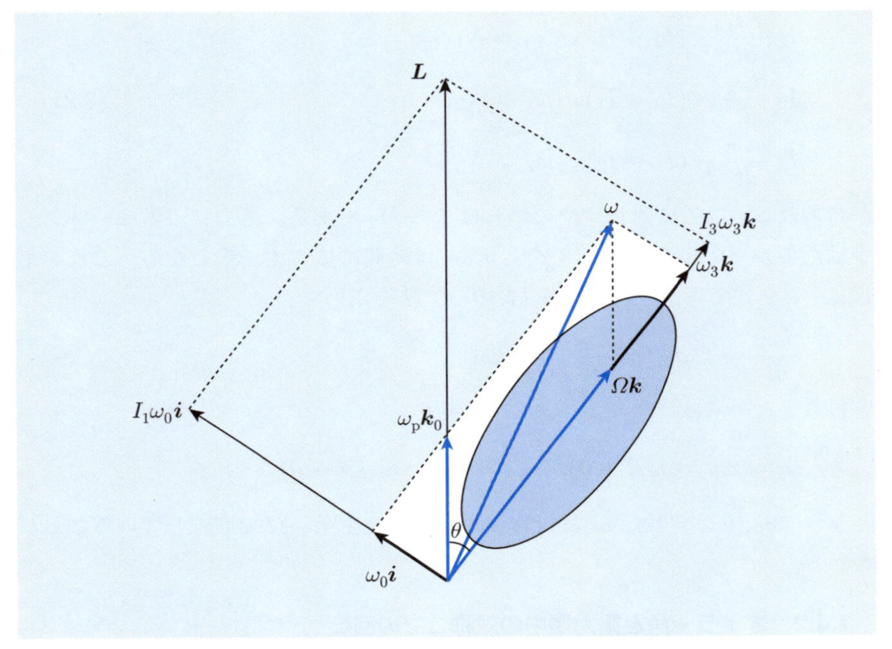

図 7.6 角運動量ベクトルと回転のベクトル.

$$\omega_{\mathrm{p}} = \frac{L}{I_1} \tag{7.18}$$

は剛体の対称軸が $\boldsymbol{k}_0$ 軸の周りで回転する首振り運動の角速度を表すといえる. このような運動を**歳差運動**と呼ぶ. 一方

$$\Omega = \frac{I_1 - I_3}{I_1}\,\omega_3 \tag{7.19}$$

は剛体が対称軸の周りで回転する角速度を表す.

対称コマの運動をもう少し詳しく見てみよう. 運動方程式は式 (7.2) で与えられるが, ここでは角速度 $\boldsymbol{\omega}$ で回転する回転座標系で考えることにすると, 式 (5.17) を考慮して運動方程式は

$$\frac{d\boldsymbol{L}}{dt} = \boldsymbol{\omega} \times \boldsymbol{L} + \boldsymbol{N} \tag{7.20}$$

と与えられる. ここで, 剛体にはたらく力のモーメントの総和を $\boldsymbol{N}$ と書いた. ベクトルの成分を角速度 $\boldsymbol{\omega}$ で回転する $\boldsymbol{i}$, $\boldsymbol{j}$, $\boldsymbol{k}$ 軸方向の成分として表せば

$$
\begin{aligned}
&I_1 \frac{d\omega_1}{dt} - (I_2 - I_3)\omega_2\omega_3 = N_1,\\
&I_2 \frac{d\omega_2}{dt} - (I_3 - I_1)\omega_3\omega_1 = N_2,\\
&I_3 \frac{d\omega_3}{dt} - (I_1 - I_2)\omega_1\omega_2 = N_3
\end{aligned}
\tag{7.21}
$$

が得られる．ここで対称コマの場合は $I_1 = I_2$ である．外力によるモーメントがはたらかない場合は，第3式より ω_3 は時間に依らず一定となる．これを第1式，第2式で考慮すれば，式 (7.19) の Ω を用いて

$$
\frac{d\omega_1}{dt} = \Omega\omega_2, \quad \frac{d\omega_2}{dt} = -\Omega\omega_1
$$

を得る．この解は

$$
\omega_1 = \omega_0 \cos(\Omega t + \theta), \quad \omega_2 = -\omega_0 \sin(\Omega t + \theta)
$$

となり（ω_0, θ は定数），$\boldsymbol{\omega}$ は対称軸の回りを角速度 $-\Omega$ で回転していることがわかる．

7.4.2 オイラー角と重力場中の対称コマの回転

対称コマの回転を記述するには，回転軸の向きなどを与える座標を導入しなければならない．これをまず定義しよう（図 7.7）．空間に固定した座標軸（慣性系）の方向の単位ベクトルを $\boldsymbol{i}_0, \boldsymbol{j}_0, \boldsymbol{k}_0$ とおく．ただし，$\boldsymbol{k}_0$ を鉛直上向きとしよう．まず，座標軸を $\boldsymbol{k}_0$ の周りに ϕ だけ回転して新しい座標軸 $\boldsymbol{i}', \boldsymbol{j}', \boldsymbol{k}'$ を定義すると

$$
\begin{aligned}
&\boldsymbol{i}' = \cos\phi \boldsymbol{i}_0 + \sin\phi \boldsymbol{j}_0,\\
&\boldsymbol{j}' = -\sin\phi \boldsymbol{i}_0 + \cos\phi \boldsymbol{j}_0,\\
&\boldsymbol{k}' = \boldsymbol{k}_0
\end{aligned}
\tag{7.22}
$$

の関係が成り立つ．次に，$\boldsymbol{j}'$ の周りに θ だけ回転した座標軸を $\boldsymbol{i}'', \boldsymbol{j}'', \boldsymbol{k}''$ とすると

$$
\begin{aligned}
&\boldsymbol{i}'' = \cos\theta \boldsymbol{i}' - \sin\theta \boldsymbol{k}',\\
&\boldsymbol{j}'' = \boldsymbol{j}',\\
&\boldsymbol{k}'' = \sin\theta \boldsymbol{i}' + \cos\theta \boldsymbol{k}'
\end{aligned}
\tag{7.23}
$$

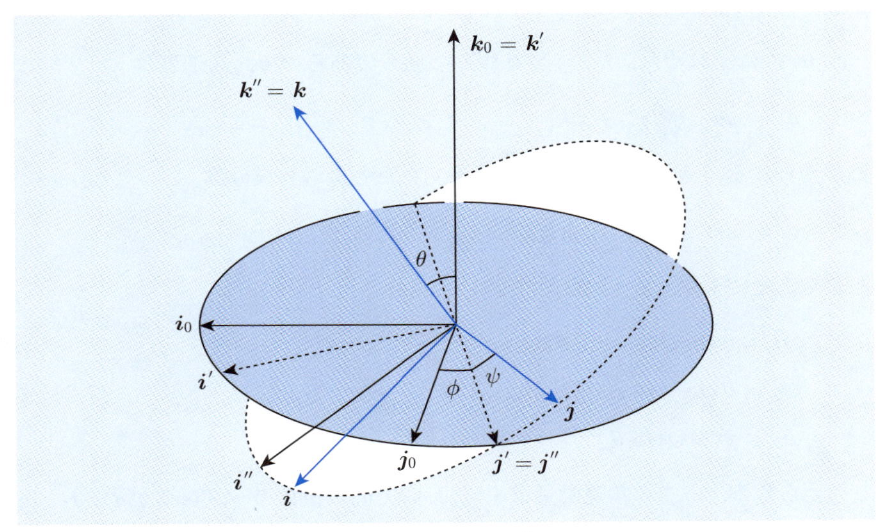

図 7.7　オイラー角.

が成り立つ．最後に，$\boldsymbol{k}''$ の周りに ψ だけ回転した座標軸を $\boldsymbol{i}, \boldsymbol{j}, \boldsymbol{k}$ として，これが角速度 $\boldsymbol{\omega}$ で回転する座標系とする．ここで

$$\begin{aligned}\boldsymbol{i} &= \cos\psi\boldsymbol{i}'' + \sin\psi\boldsymbol{j}'',\\ \boldsymbol{j} &= -\sin\psi\boldsymbol{i}'' + \cos\psi\boldsymbol{j}'',\\ \boldsymbol{k} &= \boldsymbol{k}''\end{aligned} \tag{7.24}$$

が成り立つ．以上で，対称コマの回転軸の方向（θ, ϕ）と回転角（ψ）を表す座標が定義された．この 3 つの座標（角）を**オイラー角**と呼ぶ．角速度 $\boldsymbol{\omega}$ で回転する座標軸と慣性系の座標軸は

$$\begin{aligned}\boldsymbol{i} = &\ (\cos\theta\cos\phi\cos\psi - \sin\phi\sin\psi)\boldsymbol{i}_0\\ &+ (\cos\theta\sin\phi\cos\psi + \cos\phi\sin\psi)\boldsymbol{j}_0\\ &- \sin\theta\cos\psi\boldsymbol{k}_0,\\ \boldsymbol{j} = &\ (-\cos\theta\cos\phi\sin\psi - \sin\phi\cos\psi)\boldsymbol{i}_0\\ &+ (-\cos\theta\sin\phi\sin\psi + \cos\phi\cos\psi)\boldsymbol{j}_0\\ &+ \sin\theta\sin\psi\boldsymbol{k}_0,\\ \boldsymbol{k} = &\ \sin\theta\cos\phi\boldsymbol{i}_0 + \sin\theta\sin\phi\boldsymbol{j}_0 + \cos\theta\boldsymbol{k}_0\end{aligned} \tag{7.25}$$

の関係がある．

ϕ, θ, ψ はそれぞれ，$\boldsymbol{k}_0$, $\boldsymbol{j}''$, $\boldsymbol{k}$ 周りの回転であるので，角速度は

$$\boldsymbol{\omega} = \dot{\phi}\boldsymbol{k}_0 + \dot{\theta}\boldsymbol{j}'' + \dot{\psi}\boldsymbol{k}$$

と与えられる．これを $\boldsymbol{i}, \boldsymbol{j}, \boldsymbol{k}$ の座標系で見たときの各成分は

$$\boldsymbol{\omega} = \omega_1 \boldsymbol{i} + \omega_2 \boldsymbol{j} + \omega_3 \boldsymbol{k}$$

とおくことにより，式 (7.22), (7.23), (7.24) より

$$\begin{aligned} \omega_1 &= \dot{\theta}\sin\psi - \dot{\phi}\sin\theta\cos\psi, \\ \omega_2 &= \dot{\theta}\cos\psi + \dot{\phi}\sin\theta\sin\psi, \\ \omega_3 &= \dot{\psi} + \dot{\phi}\cos\theta \end{aligned} \tag{7.26}$$

と与えられる．一方，角運動量は $\boldsymbol{i}$, $\boldsymbol{j}$, $\boldsymbol{k}$ 軸方向の慣性モーメントが I_1, I_1, I_3 （$I_1 = I_2$）であることから

$$\boldsymbol{L} = I_1\omega_1 \boldsymbol{i} + I_1\omega_2 \boldsymbol{j} + I_3\omega_3 \boldsymbol{k}$$

である．慣性系で見た場合の角運動量の各成分は

$$\boldsymbol{L} = L_x \boldsymbol{i}_0 + L_y \boldsymbol{j}_0 + L_z \boldsymbol{k}_0$$

とおくことにより

$$\begin{aligned} L_x &= -I_1\dot{\theta}\sin\phi - \left\{I_1\dot{\phi}\cos\theta - I_3(\dot{\psi} + \dot{\phi}\cos\theta)\right\}\sin\theta\cos\phi, \\ L_y &= I_1\dot{\theta}\cos\phi - \left\{I_1\dot{\phi}\cos\theta - I_3(\dot{\psi} + \dot{\phi}\cos\theta)\right\}\sin\theta\sin\phi, \\ L_z &= I_1\dot{\phi}\sin^2\theta + I_3(\dot{\psi} + \dot{\phi}\cos\theta)\cos\theta \end{aligned} \tag{7.27}$$

と求められる．外力がはたらかない自由な回転の場合には，角運動量が保存されるので，$L_x = L_y = 0$, $L_z = L$ とおくと

$$\dot{\theta} = 0, \quad \dot{\phi} = \frac{L}{I_1}, \quad \dot{\psi} = \frac{I_1 - I_3}{I_1}\,\omega_3$$

が得られ，$\dot{\phi}$ が歳差運動の回転 (7.18) を，$\dot{\psi}$ が対称軸周りの回転 (7.19) を表すことがわかる．

水平な机の上で回転するコマを考えよう（図 7.8）．コマの回転軸は机上に固

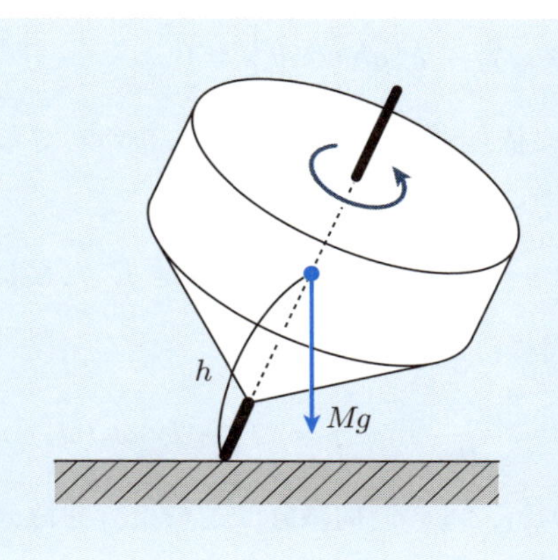

図 7.8　机上で回転するコマ.

定されていると考えてよい．コマの質量を M，重心の位置は軸の下端（机上のコマの支点）から対称軸に沿って測って h の位置にあるとする．鉛直下向きの重力がつくる力のモーメントは，回転軸 $\boldsymbol{k}$ と鉛直方向 $\boldsymbol{k}_0$ に垂直な $\boldsymbol{j}''$ 方向を向くので，運動方程式は

$$\begin{aligned} I_1 \frac{d\omega_1}{dt} - (I_1 - I_3)\omega_3\omega_2 &= Mgh\sin\theta\sin\psi, \\ I_1 \frac{d\omega_2}{dt} + (I_1 - I_3)\omega_3\omega_1 &= Mgh\sin\theta\cos\psi, \\ I_3 \frac{d\omega_3}{dt} &= 0 \end{aligned} \tag{7.28}$$

と与えられる．ω_1, ω_2, ω_3 は式 (7.26) で与えられるが，式 (7.28) の第 3 式より ω_3 は一定として取り扱うことができる．

運動方程式 (7.28) の解を一般に求めることは易しくないが，ここでは簡単な計算からいくつかの不変量を見出すことにする．まず，式 (7.28) の第 1, 2 式より

$$I_1\left(\omega_1 \frac{d\omega_1}{dt} + \omega_2 \frac{d\omega_2}{dt}\right) = Mgh\sin\theta(\omega_1\sin\psi + \omega_2\cos\psi)$$

が得られるが，式 (7.26) より

$$\omega_1\sin\psi + \omega_2\cos\psi = \dot{\theta}$$

である．したがって

$$\frac{d}{dt}\left\{\frac{1}{2}I_1(\omega_1^2+\omega_2^2)+Mgh\cos\theta\right\}=0$$

すなわち，ω_3 が時間に依らず一定であることも合わせて考慮すれば，力学的エネルギーの保存則

$$\frac{1}{2}I_1(\omega_1^2+\omega_2^2)+\frac{1}{2}I_3\omega_3^2+Mgh\cos\theta=E \quad (E\text{ は定数})$$

を表している．また同様に

$$I_1\left(\frac{d\omega_1}{dt}\cos\psi-\frac{d\omega_2}{dt}\sin\psi\right)=(I_1-I_3)\omega_3(\omega_2\cos\psi+\omega_1\sin\psi)$$

が得られるが，左辺の ω_1, ω_2 の時間微分は式 (7.26) を微分することにより，これを用いて整理すれば

$$I_1(\ddot{\phi}\sin\theta+2\dot{\phi}\cos\theta\dot{\theta})=I_3\omega_3\dot{\theta}$$

が得られる．ここで，

$$\dot{\psi}+\dot{\phi}\cos\theta=\omega_3 \quad (\text{一定})$$

を考慮した．この関係は，式 (7.27) より

$$\frac{dL_z}{dt}=0$$

を表していることがわかる．以上より，机上で回転するコマの運動では，力学的エネルギーの総和に加えて，対称軸周りの角運動量 $I_3\omega_3$ とコマの全角運動量の鉛直成分 L_z が保存されているといえる．

7章の問題

□ **1** 図1に示すように，長さ L，質量 m の一様な棒の一端を鉛直な壁面に軸で固定する．軸の周りで棒はなめらかに回転できるものとする．棒の他端に質量 M の物体を吊るして，棒の下端から距離 x のところに付けた水平な針金で支えるものとする．棒と鉛直面のなす角を θ として，水平な針金の張力 T を求めよ．

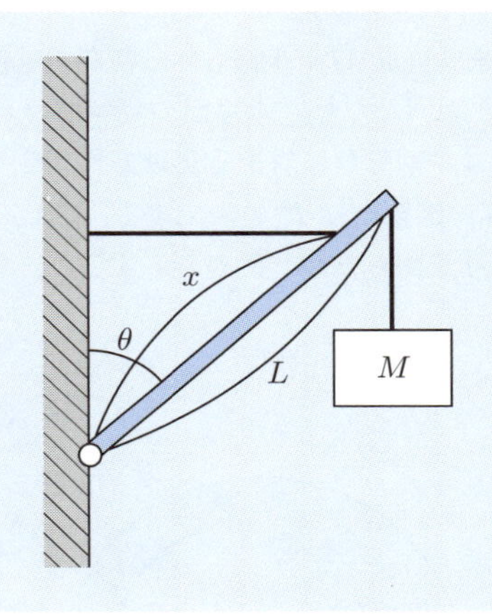

図1 壁に固定された棒と針金．

□ **2** 図2に示すような半径 R の円板から半径 $R/2$ の円形領域をくり抜いた物体について，重心の位置および点Oを通る円板に垂直な軸の周りの慣性モーメントを求めよ．ただし，板の面密度は一様であるとする．

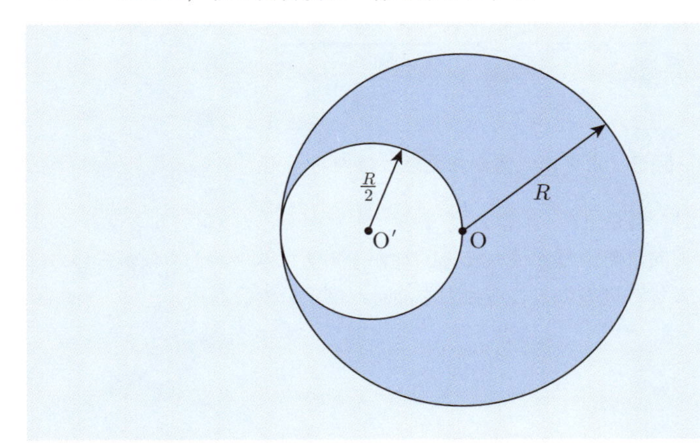

図2

□**3** 一様な重力を受けて水平な軸の周りで運動する剛体を**実体振り子**という．剛体の質量をM，重心と回転軸の距離をh，重心を通り回転軸と平行な軸の周りの慣性モーメントを$I_0 = Mk_0^2$とする．実体振り子の微小振動の周期を求めよ．また，微小振動の周期が最も短くなるときのhの大きさを求めよ．

□**4** 6章の章末問題2の，大小同軸の2個の滑車に糸を巻いてそれぞれに質量m_1，m_2の物体を吊るす問題で，滑車の質量，したがって滑車の慣性モーメントIが無視できない場合について，糸の張力を求めよ．

□**5** 図3に示すような球（質量M，半径a）に初期角速度ω_0を与えて，水平面上においた時の運動を論ぜよ．ただし，水平面の動摩擦係数はμ'とする．

(1) 球の重心位置および回転角に対する運動方程式を与えよ．ただし，球にはたらく垂直抗力はN，摩擦力はFと表記する．

(2) 球は水平面を滑りながら転がり始めるとすると，滑りの速さの時間変化を求めよ．

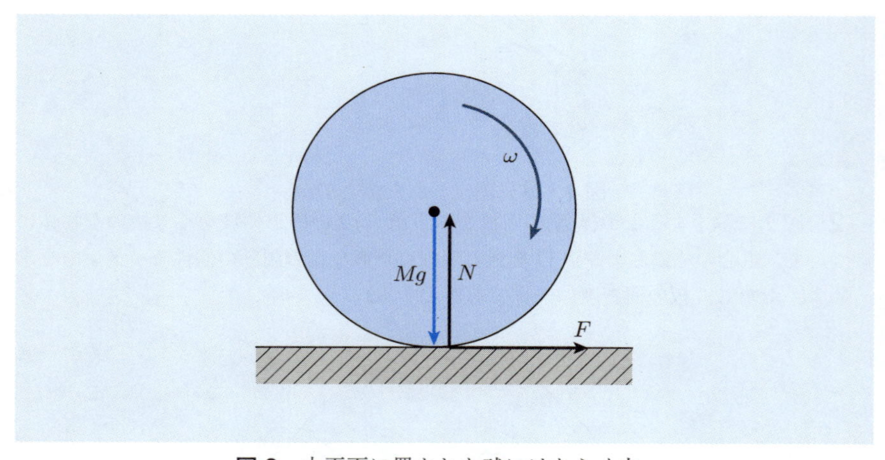

図3 水平面に置かれた球にはたらく力．

□**6** 水平面の上に球（質量M，半径a）を置き，水平面からh（$0 < h < 2a$）の高さのところに水平方向に衝撃力Fを加える．球が滑らずに水平面上を転がるためには水平面からどれだけの高さのところに力を加えればよいか．

8 解析力学の初歩

ニュートンの運動方程式に基づいて物体の運動を考えるときは，座標を適当に設定し，拘束条件や力の向きなどを考えながら，運動方程式を与えなければならない．ところが，拘束条件などをあらかじめ考慮した一般化された座標を導入し，それを使って運動エネルギーやポテンシャルエネルギーを表現すれば，決められた手順（ラグランジュの運動方程式やハミルトンの正準方程式）にしたがって，運動方程式を機械的に導くことができる．また，これらの定式化の中で明らかになる最小作用の原理は，古典力学から量子力学への橋渡しとしても重要である．本章では，こうした解析力学の方法について，初歩的な部分を解説する．

8章で学ぶ概念・キーワード

- 一般化座標，ラグランジアン，ラグランジュの運動方程式
- 一般化運動量，ハミルトニアン，ハミルトンの正準方程式
- 作用積分，最小作用の原理

8.1 ラグランジュの運動方程式

これまでの議論でも暗黙の内に行ってきたことではあるが，質点系の力学を考えるときに各質点の（3次元）位置座標の3つの成分を独立な成分として扱う必要は必ずしもない．例えば，バネにつながれた質点の振動を議論する際には，バネの伸び縮みする方向の運動だけを考えればよいし，平面上の運動を扱う場合にはその平面に直交した方向の座標は無視してきた．また，球面上に束縛された点の運動を考えるのならば，位置座標としては球面上のどこかの点を原点とする直交座標を考えるよりも，天頂角と方位角（緯度と経度）を持って位置を表すほうが便利である．このように，座標を少し一般化して考えることにしよう．

通常の慣性座標系での物体の位置を x_i と書くことにしよう．ここで，添字 i は質点を区別する番号や座標の成分を表すシンボルを合わせて1つの添字で表しているものとする．また，この物体にはたらく力は成分も含めて同じ添字を付けて F_i と表現することにする．物体の位置座標が独立な変数 q_α の関数として与えられるものとして

$$x_i = x_i\big(\{q_\alpha\}\big)$$

と書く．この独立な変数を**一般化座標**と呼ぶ．例えば，半径 R の球面上に束縛された質点の位置を球の中心を原点とする直交座標で x_i（$i = 1, 2, 3$）と書いたとき，これらの座標は天頂角 θ と方位角 ϕ を使って

$$\begin{aligned} x_1 &= x_1(\theta, \phi) = R\sin\theta\cos\phi, \\ x_2 &= x_2(\theta, \phi) = R\sin\theta\sin\phi, \\ x_3 &= x_3(\theta, \phi) = R\cos\theta \end{aligned}$$

と表すことができる．

物体の位置の微小な変化 δx_i を一般化座標の微小な変化 δq_α を用いて表すと

$$\delta x_i = \sum_\alpha \frac{\partial x_i}{\partial q_\alpha}\,\delta q_\alpha \tag{8.1}$$

と与えられる．この変化が短い時間の間の変化であるとすれば，x_i の時間微

分は

$$\dot{x}_i = \sum_{\alpha} \frac{\partial x_i}{\partial q_\alpha} \dot{q}_\alpha \tag{8.2}$$

と与えられる．ただし，$\dot{x}_i$ は x_i の時間微分を表す．また，微小な変位による仮想的な仕事

$$\delta W = \sum_i F_i \delta x_i \tag{8.3}$$

が

$$\delta W = \sum_{\alpha} Q_\alpha \delta q_\alpha \tag{8.4}$$

と表されると考えたとき，この Q_α を**一般化された力**と呼ぶ．一般化された力は，式 (8.1) を式 (8.3) に代入して

$$Q_\alpha = \sum_i F_i \frac{\partial x_i}{\partial q_\alpha} \tag{8.5}$$

と与えられる．

物体の質量も同じ添字を使って m_i のように表すこととすると，動力学に拡張した仮想仕事の原理（6.5 節）は

$$\sum_i (F_i - m_i \ddot{x}_i) \delta x_i = 0 \tag{8.6}$$

と表される．ここで，δx_i は拘束条件にしたがう仮想変位である．また，$\ddot{x}_i$ は x_i の時間による 2 階微分を表す．この仮想仕事の原理を，一般化座標と一般化された力で表現してみよう．力 F_i がはたらく物体を，仮想的に δx_i だけ動かしたときの仕事 δW は式 (8.3) より

$$\begin{aligned} \delta W &= \sum_i m_i \ddot{x}_i \delta x_i \\ &= \sum_{i,\alpha} m_i \ddot{x}_i \frac{\partial x_i}{\partial q_\alpha} \delta q_\alpha \end{aligned}$$

と与えられる．ここで，最後の式は

$$\sum_{i,\alpha} m_i \ddot{x}_i \frac{\partial x_i}{\partial q_\alpha} \delta q_\alpha = \sum_{i,\alpha} \left\{ \frac{d}{dt} \left(m_i \dot{x}_i \frac{\partial x_i}{\partial q_\alpha} \right) - m_x \dot{x}_i \frac{d}{dt} \left(\frac{\partial x_i}{\partial q_\alpha} \right) \right\} \delta q_\alpha$$

と表される．式 (8.2) において q_α と $\dot{q}_\beta$ が独立であると考えて

$$\frac{\partial x_i}{\partial q_\alpha} = \frac{\partial \dot{x}_i}{\partial \dot{q}_\alpha}$$

また

$$\begin{aligned}\frac{d}{dt}\left(\frac{\partial x_i}{\partial q_\alpha}\right) &= \sum_\beta \frac{\partial}{\partial q_\beta}\left(\frac{\partial x_i}{\partial q_\alpha}\right)\dot{q}_\beta \\ &= \frac{\partial}{\partial q_\alpha}\left(\sum_\beta \frac{\partial x_i}{\partial q_\beta}\dot{q}_\beta\right) \\ &= \frac{\partial \dot{x}_i}{\partial q_\alpha}\end{aligned}$$

が成り立つことに注意すると

$$\delta W = \sum_{i,\alpha}\left\{\frac{d}{dt}\left(m_i \dot{x}_i \frac{\partial \dot{x}_i}{\partial \dot{q}_\alpha}\right) - m_x \dot{x}_i \frac{\partial \dot{x}_i}{\partial q_\alpha}\right\}\delta q_\alpha$$

が得られる．これは，運動エネルギー

$$K = \frac{1}{2}\sum_i m_i \dot{x}_i^2$$

を使えば

$$\delta W = \sum_\alpha \left\{\frac{d}{dt}\left(\frac{\partial K}{\partial \dot{q}_\alpha}\right) - \frac{\partial K}{\partial q_\alpha}\right\}\delta q_\alpha$$

と表される．式 (8.4) より

$$\sum_\alpha \left\{\frac{d}{dt}\left(\frac{\partial K}{\partial \dot{q}_\alpha}\right) - \frac{\partial K}{\partial q_\alpha}\right\}\delta q_\alpha = \sum_\alpha Q_\alpha \delta q_\alpha$$

が任意の δq_α に対して成り立つので

$$\frac{d}{dt}\left(\frac{\partial K}{\partial \dot{q}_\alpha}\right) - \frac{\partial K}{\partial q_\alpha} = Q_\alpha \tag{8.7}$$

が得られる．これを**ラグランジュ（Lagrange）の運動方程式**と呼ぶ．

物体にはたらく力 F_i が保存力で，ポテンシャルエネルギー $U(\{x_i\})$ を使って

$$F_i = -\frac{\partial U}{\partial x_i}$$

で与えられる場合は，一般化された力は式 (8.5) より

$$Q_\alpha = -\sum_i \frac{\partial U}{\partial x_i} \frac{\partial x_i}{q_\alpha} \\ = -\frac{\partial U}{\partial q_\alpha}$$

と表されるので，ラグランジュの運動方程式は

$$\mathcal{L} = K - U \tag{8.8}$$

を使って

$$\frac{d}{dt}\left(\frac{\partial \mathcal{L}}{\partial \dot{q}_\alpha}\right) - \frac{\partial \mathcal{L}}{\partial q_\alpha} = 0 \tag{8.9}$$

と表される．これを**ラグランジュの運動方程式**と呼ぶことも多い．また，一般化されたポテンシャルエネルギーを

$$\frac{d}{dt}\left(\frac{\partial U}{\partial \dot{q}_\alpha}\right) - \frac{\partial U}{\partial q_\alpha} = Q_\alpha$$

を満たす

$$U = U\big(\{q_\alpha\}, \{\dot{q}_\alpha\}\big)$$

として，式 (8.8) の $\mathcal{L}$ が定義されると考えてもよい．この

$$\mathcal{L} = \mathcal{L}\big(\{q_\alpha\}, \{\dot{q}_\alpha\}\big)$$

を**ラグランジュの関数**，または**ラグランジアン**と呼ぶ．

例題 8.1

6.2 節で扱った連成振動を例に，ラグランジュの方程式を導いてみよう．このとき一般化座標は2つの物体の変位 x_1, x_2 と考えればよい．

【解答】 運動エネルギーは

$$K = \frac{1}{2}m\left(\dot{x}_1^2 + \dot{x}_2^2\right)$$

である．一方，物体1と2をつないだバネの伸びは $x_1 - x_2$ となるので，物体と壁をつなぐバネと合わせてポテンシャルエネルギーは

$$U = \frac{1}{2}k\left(x_1^2 + x_2^2\right) + \frac{1}{2}k'(x_1 - x_2)^2$$

と与えられる．したがって，ラグランジアンは

$$\mathcal{L} = \frac{1}{2}m\left(\dot{x}_1^2 + \dot{x}_2^2\right) - \frac{1}{2}k\left(x_1^2 + x_2^2\right) - \frac{1}{2}k'(x_1 - x_2)^2 \qquad (8.10)$$

となる．

$$\frac{\partial \mathcal{L}}{\partial \dot{x}_1} = m\dot{x}_1$$

$$\frac{\partial \mathcal{L}}{\partial x_1} = -kx_1 - k'(x_1 - x_2)$$

より，ラグランジュの方程式は

$$m\ddot{x}_1 = -kx_1 - k'(x_1 - x_2)$$

の運動方程式を与える． ■

8.2　ハミルトンの正準方程式

8.2.1　ルジャンドル変換

関数 $f(x)$ の 2 階微分が常に正（$f''(x) > 0$）である関数を凸関数と呼ぶ．与えられた u に対して

$$F(x) = ux - f(x)$$

は，$F'(x) = 0$ とおくことにより

$$u = f'(x) \tag{8.11}$$

を満たす x で極値を持つ．$f(x)$ が凸関数であれば，$f'(x)$ は単調増加関数であるので，式 (8.11) はただ 1 つの解を持ち，そこで $F(x)$ は最大となる（図 8.1）．このような x を

$$x = x^*(u) \tag{8.12}$$

と書くことにする．式 (8.11)，または式 (8.12) を満たす x と u は 1 対 1 に対応し，$x^*(u)$ は $f'(x)$ の逆関数となっている．これを使って $F(x)$ の最大値は u の関数として

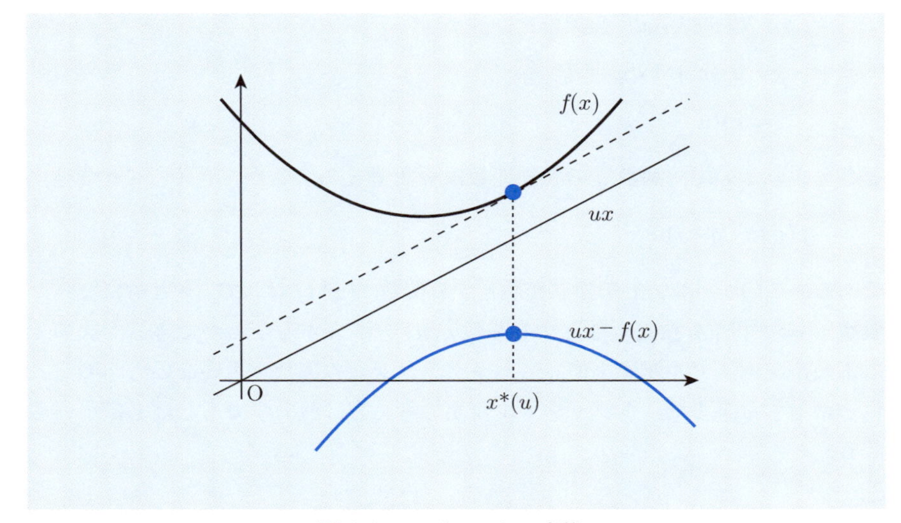

図 8.1　ルジャンドル変換．

$$
\begin{aligned}
g(u) &= F\bigl(x^*(u)\bigr) \\
&= ux^*(u) - f\bigl(x^*(u)\bigr) \qquad (8.13)
\end{aligned}
$$

と与えられる．この $g(u)$ を（凸）関数 $f(x)$ の**ルジャンドル変換**と呼ぶ．ここで

$$
\begin{aligned}
g'(u) &= x^*(u) + F'\bigl(x^*(u)\bigr)\frac{dx^*}{du} \\
&= x^*(u)
\end{aligned}
$$

であることと，$x^*(u)$ は u の単調増加関数であることを考えれば，$g(u)$ は u の凸関数であることがわかる．そこで，同様の方法で $g(u)$ にルジャンドル変換を施してやると，元の関数 $f(x)$ が得られる．

ルジャンドル変換は以下のようにもみることができる．関数 $f(x)$ の全微分の表式は

$$
df = u\,dx \qquad (8.14)
$$

と与えられる．ここで $u(x) = f'(x)$ である．そこで

$$
g = ux - f
$$

で定義される関数を考えると，その全微分は

$$
\begin{aligned}
dg &= d(ux) - df \\
&= u\,dx + x\,du - df \\
&= x\,du
\end{aligned}
$$

と与えられるので，関数 g の独立変数は u と考えることができる．このとき

$$
x(u) = g'(u)
$$

である．このように，x を独立変数とする関数 $f(x)$ に対して，x と対になった変数 $u = f'(x)$ を独立変数とする関数 $g(u)$ を導入することができる．次節ではこのルジャンドル変換を使って，ラグランジュの関数を用いない力学の定式化を議論する．また，ルジャンドル変換の考え方は熱力学でもしばしば用いられる．

8.2.2 ハミルトンの正準方程式

一般化座標 $\{q_\alpha\}$ とその時間微分 $\{\dot{q}_\alpha\}$ を独立な変数とする関数であるラグランジアンを使って

$$p_\alpha = \frac{\partial \mathcal{L}}{\partial \dot{q}_\alpha} \tag{8.15}$$

で与えられる p_α を，q_α に共役な一般化された運動量（**一般化運動量**）と呼ぶ．これを使って定義される

$$\mathcal{H} = \sum_\alpha p_\alpha \dot{q}_\alpha - \mathcal{L} \tag{8.16}$$

を**ハミルトンの関数**，または**ハミルトニアン**と呼ぶ．このハミルトニアンの定義は，ラグランジアンが一般化された座標とその時間微分，$q_\alpha, \dot{q}_\alpha$ を独立変数とする関数であったのに対して，ルジャンドル変換により一般化された座標と運動量，q_α, p_α を独立変数とする関数を定義したことになっている．

運動エネルギーが一般化座標の時間微分を使って

$$K = \frac{1}{2}\sum_\alpha m_\alpha \dot{q}_\alpha^2$$

と与えられているとしよう．このとき，一般化運動量は

$$p_\alpha = m_\alpha \dot{q}_\alpha$$

と与えられるので，ハミルトニアンは

$$\mathcal{H} = \sum_\alpha \frac{1}{2m_\alpha} p_\alpha^2 + U$$

となる．ここで，右辺第 1 項は運動エネルギーに他ならない．したがって，ハミルトニアンはこの系の力学的エネルギーの総和を表すと考えてよい．

一般化座標とその時間微分の変化 $\delta q_\alpha, \delta \dot{q}_\alpha$ に対するラグランジアンの変化は

$$\delta \mathcal{L} = \sum_\alpha \left(\frac{\partial \mathcal{L}}{\partial q_\alpha} \delta q_\alpha + \frac{\partial \mathcal{L}}{\partial \dot{q}_\alpha} \delta \dot{q}_\alpha \right)$$

である．これは，式 (8.9) および式 (8.15) より

$$\delta \mathcal{L} = \sum_\alpha (\dot{p}_\alpha \delta q_\alpha + p_\alpha \delta \dot{q}_a)$$

と表すことができる．これに対して，ハミルトニアンの変化は

$$\begin{aligned}\delta\mathcal{H} &= \sum_\alpha(\delta p_\alpha\,\dot{q}_\alpha + p_\alpha\,\delta\dot{q}_\alpha) - \delta\mathcal{L} \\ &= \sum_\alpha(\dot{q}_\alpha\,\delta p_\alpha - \dot{p}_\alpha\,\delta q_\alpha)\end{aligned} \tag{8.17}$$

となる．したがって

$$\frac{\partial\mathcal{H}}{\partial p_\alpha} = \dot{q}_\alpha, \quad \frac{\partial\mathcal{H}}{\partial q_\alpha} = -\dot{p}_\alpha \tag{8.18}$$

が得られる．これを**ハミルトン**（Hamilton）**の正準方程式**と呼ぶ．

例題 8.2

ハミルトンの正準方程式にしたがって，6.2 節で扱った連成振動の運動方程式を導いてみよう．この系のラグランジアンは式 (8.10) で与えられている．

【解答】 一般化運動量は

$$p_i = \frac{\partial\mathcal{L}}{\partial\dot{x}_i} = m\dot{x}_i \quad (i = 1,\, 2)$$

で与えられる．したがって，ハミルトニアンは

$$\mathcal{H} = \frac{1}{2m}\left(p_1^2 + p_2^2\right) + \frac{1}{2}\,k\left(x_1^2 + x_2^2\right) + \frac{1}{2}\,k'(x_1 - x_2)^2$$

となる．ハミルトンの正準方程式より，x_1, p_1 に対して

$$\frac{p_1}{m} = \dot{x}_1, \quad kx_1 + k'(x_1 - x_2) = -\dot{p}_1$$

が得られる． ■

ハミルトニアンの時間変化を考えてみよう．$\mathcal{H}$ の時間変化は独立変数の p_α, q_α の時間変化を通じて現れるので

$$\frac{d\mathcal{H}}{dt} = \sum_\alpha\left(\frac{\partial\mathcal{H}}{\partial p_\alpha}\,\dot{p}_\alpha + \frac{\partial\mathcal{H}}{\partial q_\alpha}\,\dot{q}_\alpha\right)$$

となる．これにハミルトンの正準方程式 (8.18) を考慮すれば

$$\frac{d\mathcal{H}}{dt} = 0$$

を得る．ハミルトニアンが力学的エネルギーの総和を表すことを考えると，これはエネルギー保存則を表していることになる．

自由度が N の系では，ラグランジュの方程式は時間変化する N 個の変数（一般化座標 q_α）に対する 2 階の微分方程式を与える．一方，ハミルトンの正準方程式は時間変化する $2N$ 個の変数（一般化運動量 p_α と一般化座標 q_α）に対する 1 階の微分方程式を与える．この描像にしたがえば，物体の運動は一般化運動量 p_α と一般化座標 q_α を座標軸とする $2N$ 次元空間（**位相空間**）の中の代表点の軌跡と捉えることができる．例えば，単振動の場合はハミルトニアンは

$$\mathcal{H}(p, q) = \frac{p^2}{2m} + \frac{1}{2}\, m\omega^2 q^2$$

と与えられるが，力学的エネルギーの保存則により

$$\mathcal{H}(p, q) = E \quad （E \text{ は定数}）$$

の関係があるために，位相空間の点 (p, q) は楕円の上を動く点となる（図 8.2）．

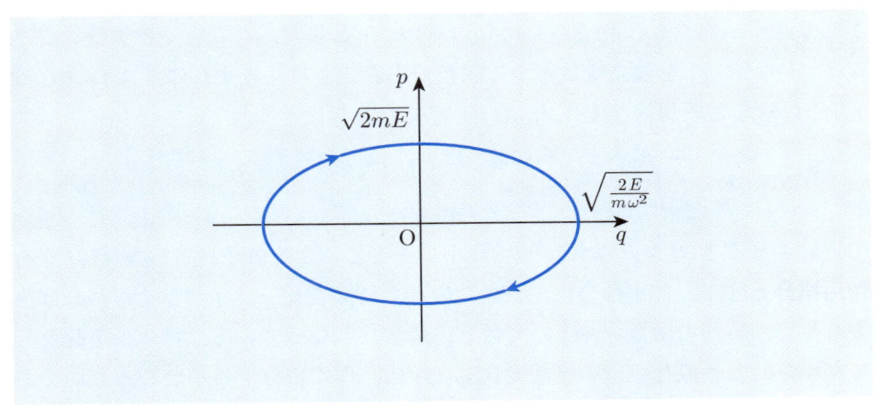

図 8.2 単振動に対する位相空間上の軌跡．

8.3 最小作用の原理

8.3.1 作用積分と最小作用の原理

8.1 節では，物体の仮想的な変位 δx_i に対する

$$\sum_i (F_i - m_i \ddot{x}_i)\delta x_i = 0$$

の関係から，一般化座標の仮想的な変位 δq_α に対する関係

$$\sum_\alpha \left\{ \frac{\partial \mathcal{L}}{\partial q_\alpha} - \frac{d}{dt}\left(\frac{\partial \mathcal{L}}{\partial \dot{q}_\alpha} \right) \right\} \delta q_\alpha = 0$$

を導いた．これを時刻 $t_1 < t < t_2$ の間で積算したものに対して

$$\begin{aligned} &\int_{t_1}^{t_2} \sum_\alpha \left\{ \frac{\partial \mathcal{L}}{\partial q_\alpha} - \frac{d}{dt}\left(\frac{\partial \mathcal{L}}{\partial \dot{q}_\alpha} \right) \right\} \delta q_\alpha \, dt \\ &= \int_{t_1}^{t_2} \sum_\alpha \left(\frac{\partial \mathcal{L}}{\partial q_\alpha} \delta q_\alpha + \frac{\partial \mathcal{L}}{\partial \dot{q}_\alpha} \delta \dot{q}_\alpha \right) dt \\ &= 0 \end{aligned} \tag{8.19}$$

が成り立つ．ただし，$\delta q_\alpha(t_1) = \delta q_\alpha(t_2) = 0$ とした．ここで，ラグランジアン $\mathcal{L}$ が q_α と $\dot{q}_\alpha$ を独立変数とする関数であることに注意すれば，式 (8.19) は $q_\alpha(t)$ に対して仮想的な変化 $\delta q_\alpha(t)$ を与えたときに

$$S(t_1, t_2) = \int_{t_1}^{t_2} \mathcal{L}(q_\alpha, \dot{q}_\alpha)\, dt \tag{8.20}$$

で定義される $S(t_1, t_2)$ は停留値（極小）をとることを表す．この $S(t_1, t_2)$ を**作用積分**と呼ぶ．作用積分は，一般化座標の時間変化 $q_\alpha(t)$ が与えられれば決まる量で，時間の関数 $q_\alpha(t)$ の関数（汎関数）となっている．物体の運動として実現される一般化座標の時間変化 $q_\alpha(t)$ は，作用積分が最小となるものであるとする原理を**最小作用の原理**，または**ハミルトンの変分原理**と呼ぶ．

式 (8.20) にハミルトニアンの定義 (8.16) を代入すれば

$$S(t_1, t_2) = \int_{t_1}^{t_2} \left(\sum_\alpha p_\alpha \dot{q}_\alpha - \mathcal{H}(p_\alpha, q_\alpha) \right) dt$$

となるが，力学的エネルギー保存の法則によれば，$t_1 < t < t_2$ の間でハミルトニアンは一定の値 E をとるため

$$S(t_1, t_2) = \int_{t_1}^{t_2} \sum_\alpha p_\alpha \dot{q}_\alpha \, dt - E(t_2 - t_1)$$

となる．したがって，物体の運動として実現される一般化座標の時間変化 $q_\alpha(t)$ は

$$A(t_1, t_2) = \int_{t_1}^{t_2} \sum_\alpha p_\alpha \dot{q}_\alpha \, dt \tag{8.21}$$

で定義される量が極小値をとるものといってもよい．式 (8.21) の量を簡略化された作用（積分）と呼ぶこともある．

8.3.2 作用積分と量子化条件

位相空間上で閉じた軌跡を描く力学系（例えば単振動，図 8.2）において，1 周期に相当した作用

$$A(0, T) = \int_0^T \sum_\alpha p_\alpha \dot{q}_\alpha \, dt = \sum_\alpha \oint p_\alpha \, dq_\alpha$$

を考える（T は周期）．最右辺は，位相空間上の閉じた軌跡に沿って 1 周する経路に沿った積分を表す．この作用は古典的には任意の値を取り得る量であるが，これが個々の α に対して小さな量の整数倍の値しか許されないと仮定して

$$\oint p_\alpha \, dq_\alpha = nh \quad (n = 0, 1, 2, \cdots) \tag{8.22}$$

とおくことにより，半古典的に量子効果を導入することができる．これを**ボーアの量子化条件**と呼ぶ．ここで，h は**プランク定数**と呼ばれ

$$h = 6.67 \times 10^{-34} \ [\mathrm{J \cdot s}] \tag{8.23}$$

である．実際に，原子核からのクーロン引力を感じて等速円運動する電子に対してこの考え方を適用することにより，ボーアの原子模型が導かれる．ここでは単振動の場合に対して，この考え方を適用してみよう．

単振動では保存される力学的エネルギーを E として

$$\frac{p^2}{2m} + \frac{1}{2} m\omega^2 q^2 = E$$

が成り立つので，運動量 p は一般化座標 q の関数として

$$\begin{aligned} p &= \pm p(q) \\ &= \pm\sqrt{2mE - m^2\omega^2 q^2} \end{aligned}$$

と与えられる．したがって，作用は

$$\begin{aligned} \oint p_\alpha \, dq_\alpha &= \int_{-q_0}^{q_0} p(q)\, dq + \int_{q_0}^{-q_0} \big(-p(q)\big)\, dq \\ &= 2\sqrt{2mE} \int_{-q_0}^{q_0} \sqrt{1 - \frac{q^2}{q_0^2}}\, dq \\ &= \frac{2\pi E}{\omega} \end{aligned}$$

と計算される．ここで $q_0 = \sqrt{2E/m\omega^2}$ と書いた．ボーアの量子化条件 (8.22) より，単振動のエネルギー E は

$$E = \hbar\omega \times n \quad (n = 0, 1, 2, \cdots)$$

のようにとびとびの（離散的な）値をとることが示される．ここで，プランク定数 h を 2π で割ったものを $\hbar$ と書いた．量子力学ではこの $\hbar$ が使われることが多い．実際に量子力学の方法を適用して単振動のエネルギーを求めると

$$E = \hbar\omega\left(n + \frac{1}{2}\right)$$

となることが知られている．

古典力学における最小作用の原理によれば，時刻 t_1 において $q_\alpha(t) = q_\mathrm{A}$ にあった状態が時刻 t_2 に $q_\alpha(t) = q_\mathrm{B}$ に至る過程として，作用積分 (8.20) を最小にするような時間発展が実現される．時刻 t_1 から t_2 までの一般化座標 q_α の時間発展を q_A から q_B に至る経路と呼ぶ（図 8.3）．座標の時間発展として古典的経路以外の経路も許されると考えて，量子力学を定式化することができる．すなわち，時刻 t_1 から t_2 に至る時間発展 $q_\alpha(t)$ が実現される確率振幅が

$$\exp\left(\frac{i}{\hbar} S(t_1, t_2)\right)$$

に比例するとして，時刻 t_1 において q_A にあった状態が時刻 t_2 に q_B の状態に変化する確率振幅は

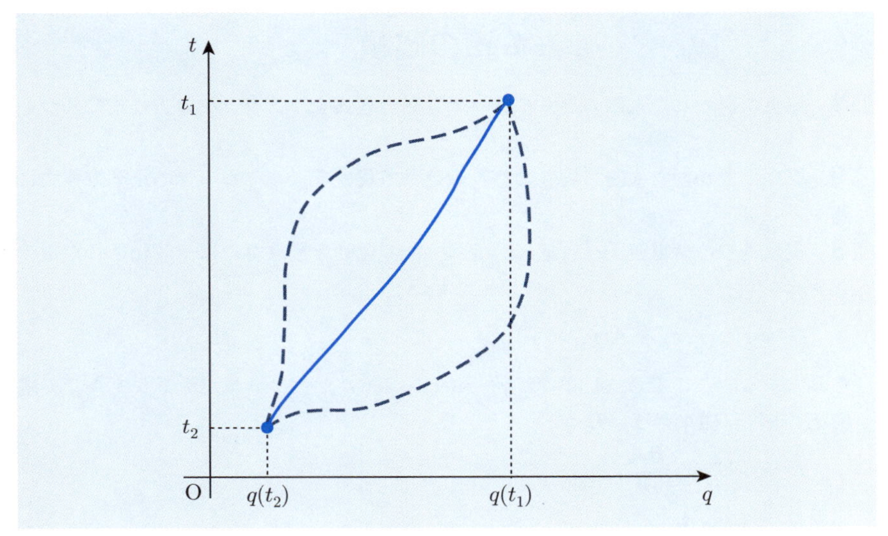

図 8.3　経路積分.

$$\Psi(q_{\mathrm{A}}, q_{\mathrm{B}}) = \int \mathcal{D}\boldsymbol{q} \exp\left(\frac{i}{\hbar} S(t_1, t_2)\right) \tag{8.24}$$

で与えられる．ここで右辺の積分は，あらゆる経路 $q_\alpha(t)$ にわたる総和を表し，**ファインマンの経路積分**と呼ばれる [1]．このように作用積分は，古典力学と量子力学を関連付ける概念としても重要である．

---

[1]「あらゆる経路にわたる総和」は以下のように考える．時刻 t_1 から t_2 に至る間を小さな時間間隔 Δt で分けて，それぞれの時刻における $q_\alpha(t)$ を積分変数と考えて積分する．すなわち

$$\int \mathcal{D}\boldsymbol{q} = \lim_{\Delta t \to 0} \int d\boldsymbol{q}(t_1) \int d\boldsymbol{q}(t_1 + \Delta t) \int d\boldsymbol{q}(t_1 + 2\Delta t) \cdots \int d\boldsymbol{q}(t_2 - \Delta t)$$

のような多重積分と考えればよい．ただし，積分変数を $\boldsymbol{q}$ と書いているのは，個々の時刻ですべての一般化座標に関する多重積分

$$\int d\boldsymbol{q} = \prod_\alpha \int dq_\alpha$$

を実行することを表す．このような積分を**汎関数積分**という．

8章の問題

□**1** 原点に置かれた太陽の周りの惑星の運動方程式をラグランジュ方程式に基づいて導け.

□**2** 原点に置かれた太陽の周りの惑星の運動方程式を，ハミルトンの正準方程式に基づいて導け.

□**3** 電磁場中の荷電粒子（質量 m，電荷 e）の運動を扱うために一般化されたポテンシャル

$$U = e\big(\phi(\boldsymbol{r}, t) - \boldsymbol{A}(\boldsymbol{r}, t) \cdot \dot{\boldsymbol{r}}\big)$$

を導入する．ここで ϕ, $\boldsymbol{A}$ はスカラーポテンシャル，ベクトルポテンシャルで，電場 $\boldsymbol{E}$, 磁場（磁束密度）$\boldsymbol{B}$ が

$$\boldsymbol{E} = -\nabla\phi - \frac{\partial \boldsymbol{A}}{\partial t},$$

$$\boldsymbol{B} = \nabla \times \boldsymbol{A}$$

と与えられる．ラグランジュの運動方程式の方法を用いて，荷電粒子の運動方程式を導け．また，荷電粒子に対するハミルトニアンを与えよ．

□**4** 7.4 節で扱った重力の作用の下で机上で回転するコマの運動を，オイラー角を一般化座標として，ハミルトニアンを与え，運動の定数（保存量）を議論せよ．

9 弾性体の力学

これまでに質点，質点系，剛体の力学，運動学を学んだ．一方，私たちの周りにある様々な物質は，力を加えれば形を変え，あるいは形を変えつつ運動する．またそれらの物質は曲がり，あるいは伸びる．物質によっては，固く，無理に曲げようとすると壊れる．これが物質の性質のよく知られた特徴の 1 つである．これらの性質を扱うための，固体の弾性といわれる伸びや曲げに関する記述の方法を学ぶことにしよう．これまでと異なり，質点（系）から離れ，物質を連続的な系として考える．

9 章で学ぶ概念・キーワード

- 弾性，塑性
- 歪と応力，歪テンソル，応力テンソル
- 等方弾性体，弾性定数，体積弾性率，ずれ弾性率
- 音波，音速

9.1 質点系から弾性体へ

弾性体の一般論を詳しく行う前に，いくつかの問題を概観してみよう．最初に連続体にはたらく力と変形について考える．その後で，質点系から弾性体に移行する道筋を考えてみよう．

9.1.1 弾性と塑性

物質を引っ張ったときの歪と力 (応力) の関係を図 9.1 に示す．O–A では引っ張りの力と歪は比例し, 力を除くと変形は 0 に戻る．この性質を**弾性** (elasticity) という．力と変形が比例するというのはよく知られた弾性に対する**フックの法則**である．さらに大きく変形させた後，例えば F まで変形させた後で力を取り除くと，O–A と平行な道 F–G を通って力 0 の状態 G に戻り，有限の変形 (塑性変形) O–G が残る．この性質を**塑性** (plasticity) という．固体では塑性変形は原子面が滑ることによって起こる．

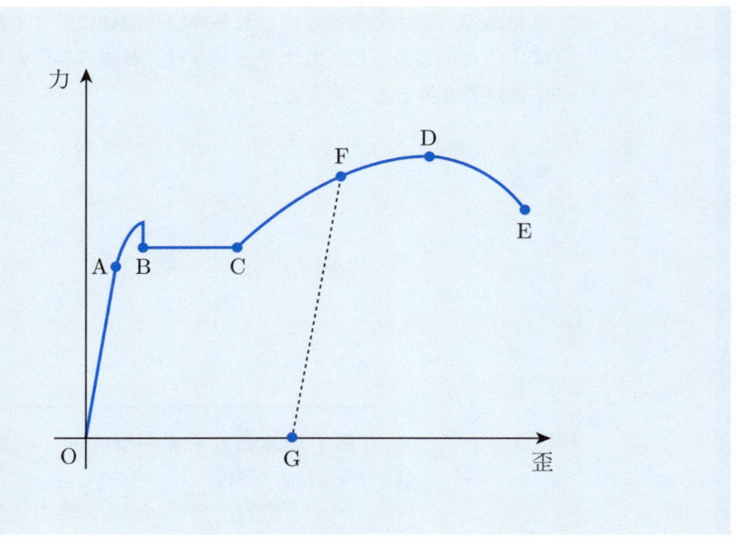

図 9.1　引っ張りに対する歪–力関係．O–A を**弾性域**，B–C の力を**降伏応力**，C–E の変形を**塑性変形**，D の力を**引っ張り強さ**，E を**破断**という．

9.1.2　体積力と表面力

連続な物質の内部にはたらく力には2種類のものがある．第一は**体積力**（物体力）といい，物質に外部からはたらく遠距離力で，重力や電磁力などである．これは，弾性体の単位体積，または単位質量当たりにはたらく力として表される．第二は**表面力**といわれるもので，物質内部に仮想的に考えた微小領域部分が互いに接している面を通して，押したり引っ張ったりする近距離力であり，単位面積当たりにはたらく力として表される．

9.1.3　応力と変形

長さ ℓ，断面積 S の直方体の（連続）弾性体を考えよう．この弾性体の長さ ℓ 方向の両端に，力 F を面に垂直に外向き方向にかけて引っ張り，長さが $\Delta\ell$ だけ伸びたとする（図 9.2 (a)）．弾性体であるから，引っ張った力と伸びた長さの間には比例関係（**フックの法則**）が成り立つ．

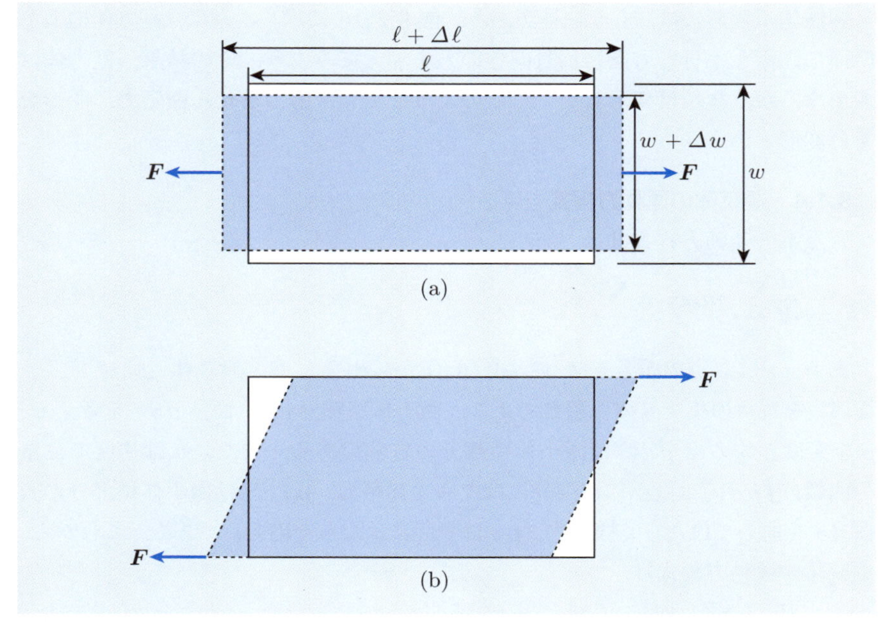

図 9.2　(a) 弾性体の伸びと縮み（法線応力の場合）．(b) 弾性体のずれ変形とせん断応力．

弾性体の長さを倍にすれば伸びの長さも倍になり，また断面積を2倍にすれば同じ長さだけ伸ばすためには2倍の力が必要となる．長さ当たりの伸び $\Delta\ell/\ell$（伸び率）と単位面積当たりの力（**(垂直）応力**）F/S を考えればよい．

$$\frac{F}{S} = E\,\frac{\Delta\ell}{\ell} \tag{9.1}$$

比例定数 E を**ヤング率**という．応力の単位は（力/面積）である．

弾性体を一方向に引っ張ったとき，伸びと垂直な方向には縮みが生じる．弾性体が等方的であれば，伸びと垂直な方向には，どの方向にも（伸び率に対して）同じ比率 ν を持って縮む．縮みの割合を $\Delta w/w$ とすれば

$$\frac{\Delta w}{w} = -\nu\,\frac{\Delta\ell}{\ell} \tag{9.2}$$

となる．ν はおおよそ0.3から0.45程度の無次元数であり，**ポアソン比**という．式(9.2)に負符号が現れるのは縮みを表している．

弾性体の変形には，もう一種類ある．図9.2(b)に示すように，直方体の上下の面に，面と平行な方向に反対向きの力を加えてみよう．その結果，直方体は変形するが，体積は変形しない．このような場合，応力を**せん断応力**，変形を**ずれ変形**という．

9.1.4 連続体の運動方程式

質点系の運動方程式は

$$\frac{d}{dt}\sum_i m_i \boldsymbol{v}_i = \sum_i \boldsymbol{F}_i \tag{9.3}$$

である．i は質点の番号を表す．式(9.3)から出発して，連続体（領域 V，表面 S）を質点の集まりの極限と考える．微小体積部分 dV（面積 dS）を考えて，ρ を密度とすると $\rho\,dV$ は微小体積部分の質量である．また，$\boldsymbol{v}$ は速度で位置の関数，$\boldsymbol{f}\rho\,dV$ は微小体積部分にはたらく体積力，$\boldsymbol{p}_S\,dS$ は微小体積部分の表面 dS を通してはたらく表面力（$\boldsymbol{p}_S$ は表面にはたらく応力）である．これから，連続体の運動方程式は

$$\frac{d}{dt}\int_V \rho\boldsymbol{v}\,dV = \int_V \rho\boldsymbol{f}\,dV + \int_S \boldsymbol{p}_S\,dS \tag{9.4}$$

となる．密度 ρ は場所によって変わっていてもよいが，時間に依存しないとし

よう．

応力が至る所で滑らかである，すなわち速度の不連続がないと仮定する．物質を2つに分けて，それぞれが接する（仮想的な）面を S_1, S_2 とし，また2つの部分が外部と接する面を S' とすると，物質の表面にはたらく力は

$$\int_S \boldsymbol{p}_S\, dS = \int_{S'} \boldsymbol{p}_{S'}\, dS + \int_{S_1} \boldsymbol{p}_{S_1}\, dS + \int_{S_2} \boldsymbol{p}_{S_2}\, dS \tag{9.5}$$

と書くことができる．実際には $S = S'$, $S_1 = S_2$ であるから，式 (9.5) から

$$\int_{S_1} \boldsymbol{p}_{S_1}\, dS + \int_{S_2} \boldsymbol{p}_{S_2}\, dS = 0 \tag{9.6}$$

を得る．こうして，任意の領域に対して運動方程式 (9.4) が成り立つこと，また物質の任意の部分の運動が滑らかであれば，任意の面に対して作用・反作用の法則が成り立っていることがわかる．

$$\boldsymbol{p}_{S_1} = -\boldsymbol{p}_{S_2} \tag{9.7}$$

積分型で書いた運動方程式 (9.4) を，微小体積部分 $dx\,dy\,dz$ に関するものに書き直そう．応力の成分を図 9.3 のように定義する．α 軸に垂直な面で β 方向にはたらく応力を $\tau_{\alpha\beta}$ と書く．垂直応力は，面に垂直にはたらく圧縮の応力で，それぞれ τ_{xx}, τ_{yy}, τ_{zz} である．垂直応力を $\sigma_x = \tau_{xx}$ などと書くこともある．せん断応力は面に平行にはたらくずれの応力で，τ_{xy}, τ_{yz}, τ_{zx} などである．これにより微小立体 $dx\,dy\,dz$ にはたらく x 方向の応力は

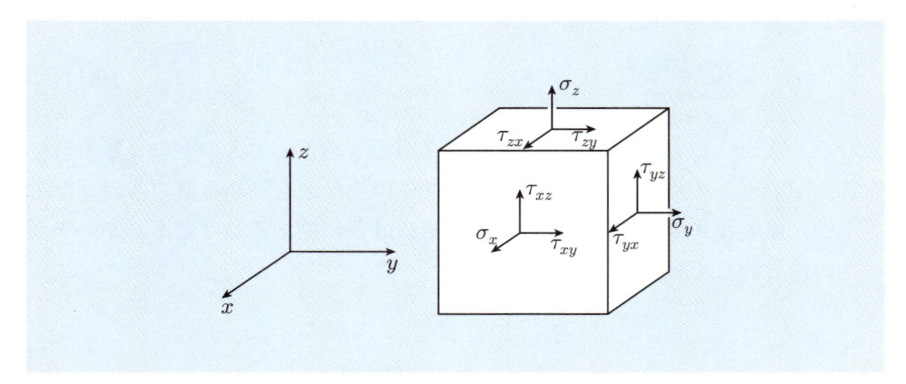

図 9.3 応力の定義.

$$
\begin{aligned}
&-\tau_{xx}\,dy\,dz + \left(\tau_{xx} + \frac{\partial \tau_{xx}}{\partial x}\,dx\right)dy\,dz \\
&\qquad\qquad - \tau_{yx}\,dz\,dx + \left(\tau_{yx} + \frac{\partial \tau_{yx}}{\partial y}\,dy\right)dz\,dx \\
&\qquad\qquad - \tau_{zx}\,dx\,dy + \left(\tau_{zx} + \frac{\partial \tau_{zx}}{\partial z}\,dz\right)dx\,dy \\
&= \left(\frac{\partial \tau_{xx}}{\partial x} + \frac{\partial \tau_{yx}}{\partial y} + \frac{\partial \tau_{zx}}{\partial z}\right)dx\,dy\,dz \\
&= \sum_i \frac{\partial \tau_{ix}}{\partial x_i}\,dx\,dy\,dz
\end{aligned}
\tag{9.8}
$$

である．$i = x,\ y,\ z$，それに対応して x_i は x, y, z である．こうして表面力（応力）の α 方向の成分について

$$
\left\{\int_S \boldsymbol{p}_S\,dS\right\}_\alpha = \int_V dV \sum_i \frac{\partial \tau_{i\alpha}}{\partial x_i}
\tag{9.9}
$$

が成り立つことがわかった．式 (9.4) と式 (9.9) から運動方程式

$$
\rho\,\frac{\partial v_\alpha}{\partial t} = \rho f_\alpha + \sum_i \frac{\partial \tau_{i\alpha}}{\partial x_i}
\tag{9.10}
$$

を得る．これが，一般的に書いた弾性体の微小体積部分に関する運動方程式である．

外力の下での弾性体の（安定な）変形は $\partial v_\alpha/\partial t = 0$ により求められる．これにより α にはたらく応力成分は

$$
\rho f_\alpha + \sum_i \frac{\partial \tau_{i\alpha}}{\partial x_i} = 0
\tag{9.11}
$$

となる．式 (9.11) は**仮想仕事の原理**による外力と内部応力との力のつりあいを意味している．それゆえ，自重による弾性体の歪などを決める際の基礎となる工学的に重要な式である．内部応力が決まれば歪が決まるわけであるが，それは次の節で詳しく議論する．

9.2 歪と応力

9.2.1 歪テンソル

$\widehat{\boldsymbol{x}}, \widehat{\boldsymbol{y}}, \widehat{\boldsymbol{z}}$ はデカルト座標における直交する単位ベクトルである．これらのベクトルが変形によって $\widehat{\boldsymbol{x}}', \widehat{\boldsymbol{y}}', \widehat{\boldsymbol{z}}'$ に変化するとする（図 9.4）．

$$
\begin{aligned}
\widehat{\boldsymbol{x}}' &= (1+\varepsilon_{xx})\widehat{\boldsymbol{x}} + \varepsilon_{xy}\widehat{\boldsymbol{y}} + \varepsilon_{xz}\widehat{\boldsymbol{z}}, \\
\widehat{\boldsymbol{y}}' &= \varepsilon_{yx}\widehat{\boldsymbol{x}} + (1+\varepsilon_{yy})\widehat{\boldsymbol{y}} + \varepsilon_{yz}\widehat{\boldsymbol{z}}, \\
\widehat{\boldsymbol{z}}' &= \varepsilon_{zx}\widehat{\boldsymbol{x}} + \varepsilon_{zy}\widehat{\boldsymbol{y}} + (1+\varepsilon_{zz})\widehat{\boldsymbol{z}}
\end{aligned}
\tag{9.12}
$$

$\varepsilon_{\alpha\beta}$ により次のように定義される量 $s_{\alpha\beta}$ を**歪成分**（**工学歪**）という．

$$
\begin{aligned}
s_{xx} &= \widehat{\boldsymbol{x}}' \cdot \widehat{\boldsymbol{x}} - 1 = \varepsilon_{xx}, \\
s_{yy} &= \widehat{\boldsymbol{y}}' \cdot \widehat{\boldsymbol{y}} - 1 = \varepsilon_{yy}, \\
s_{zz} &= \widehat{\boldsymbol{z}}' \cdot \widehat{\boldsymbol{z}} - 1 = \varepsilon_{zz}, \\
s_{xy} &= \widehat{\boldsymbol{x}}' \cdot \widehat{\boldsymbol{y}}' = \varepsilon_{xy} + \varepsilon_{yx}, \\
s_{yz} &= \widehat{\boldsymbol{y}}' \cdot \widehat{\boldsymbol{z}}' = \varepsilon_{yz} + \varepsilon_{zy}, \\
s_{zx} &= \widehat{\boldsymbol{z}}' \cdot \widehat{\boldsymbol{x}}' = \varepsilon_{zx} + \varepsilon_{xz}
\end{aligned}
\tag{9.13}
$$

s_{xx} は $\widehat{\boldsymbol{x}}$ 軸方向の長さの変化する割合を，s_{xy} は $\widehat{\boldsymbol{x}}$ 軸と $\widehat{\boldsymbol{y}}$ 軸の間の角度の変化を表す無次元量である．

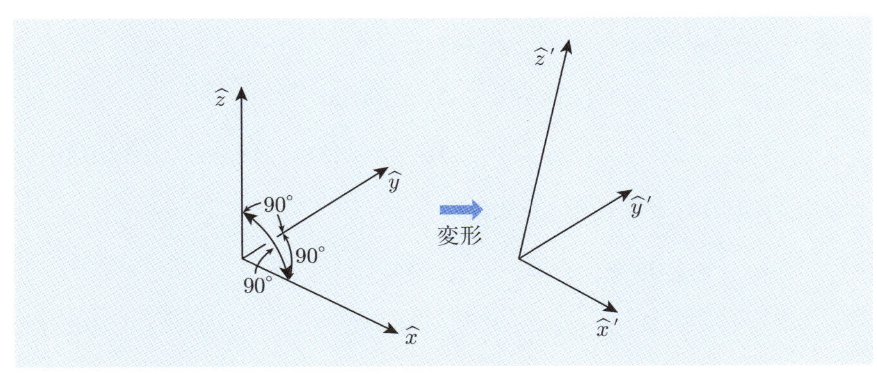

図 9.4　歪の定義.

一般に，歪は添字に対して対称な成分と反対称な成分がある．変位が純粋な回転の場合には

$$\hat{\boldsymbol{x}}' \cdot \hat{\boldsymbol{x}}' = 1, \quad \hat{\boldsymbol{x}}' \cdot \hat{\boldsymbol{y}}' = 0$$

などが成り立つから

$$\varepsilon_{xx} = \varepsilon_{yy} = \varepsilon_{zz} = 0, \quad \varepsilon_{xy} = -\varepsilon_{yx}, \quad \varepsilon_{yz} = -\varepsilon_{zy}, \quad \varepsilon_{zx} = -\varepsilon_{xz}$$

となる．つまり，純粋な回転は反対称成分のみから構成される．変位の中から純粋な回転成分を除けば対称成分のみが残り

$$\varepsilon_{\alpha\beta} = \varepsilon_{\beta\alpha} \tag{9.14}$$

という関係が成り立つ．以下では純粋な回転を除いた場合を考えよう．

点 $\boldsymbol{\Delta r} = \Delta x\hat{\boldsymbol{x}} + \Delta y\hat{\boldsymbol{y}} + \Delta z\hat{\boldsymbol{z}}$ を考える．歪場では，この点は

$$\boldsymbol{\Delta r}' = \Delta x\hat{\boldsymbol{x}}' + \Delta y\hat{\boldsymbol{y}}' + \Delta z\hat{\boldsymbol{z}}'$$

に変位するとしよう．変位ベクトル $\boldsymbol{\Delta u} = \boldsymbol{\Delta r}' - \boldsymbol{\Delta r}$ を

$$\boldsymbol{\Delta u}(\boldsymbol{r}) = \boldsymbol{\Delta r}' - \boldsymbol{\Delta r} = \Delta u_x\,\hat{\boldsymbol{x}} + \Delta u_y\,\hat{\boldsymbol{y}} + \Delta u_z\,\hat{\boldsymbol{z}} \tag{9.15}$$

と書く．一方，これは式 (9.12), (9.13), (9.14) から

$$\begin{aligned}
\boldsymbol{\Delta u} &= \boldsymbol{\Delta r}' - \boldsymbol{\Delta r} \\
&= \Delta x(\hat{\boldsymbol{x}}' - \hat{\boldsymbol{x}}) + \Delta y(\hat{\boldsymbol{y}}' - \hat{\boldsymbol{y}}) + \Delta z(\hat{\boldsymbol{z}}' - \hat{\boldsymbol{z}}) \\
&= \left(\Delta x s_{xx} + \Delta y\,\frac{s_{xy}}{2} + \Delta z\,\frac{s_{xz}}{2}\right)\hat{\boldsymbol{x}} \\
&\qquad + \left(\Delta x\,\frac{s_{yx}}{2} + \Delta y s_{yy} + \Delta z\,\frac{s_{yz}}{2}\right)\hat{\boldsymbol{y}} \\
&\qquad + \left(\Delta x\,\frac{s_{zx}}{2} + \Delta y\,\frac{s_{zy}}{2} + \Delta z s_{zz}\right)\hat{\boldsymbol{z}}
\end{aligned} \tag{9.16}$$

となる．式 (9.15) と式 (9.16) を比較して

$$\begin{aligned}
\Delta u_x &= s_{xx}\,\Delta x + \frac{s_{xy}}{2}\,\Delta y + \frac{s_{xz}}{2}\,\Delta z, \\
\Delta u_y &= \frac{s_{yx}}{2}\,\Delta x + s_{yy}\,\Delta y + \frac{s_{yz}}{2}\,\Delta z, \\
\Delta u_z &= \frac{s_{zx}}{2}\,\Delta x + \frac{s_{zy}}{2}\,\Delta y + s_{zz}\,\Delta z
\end{aligned} \tag{9.17}$$

を得る．s_{xx} は $\Delta y = \Delta z = 0$ として Δx のみを変化させたときの u_x の変化を与える量であるから

$$\frac{\partial u_x}{\partial x} = s_{xx} \tag{9.18}$$

となる．同様にして歪成分のうち，対称なものについては次のように書くことができる．

$$s_{\alpha\beta} = \frac{\partial u_\alpha}{\partial x_\beta} + \frac{\partial u_\beta}{\partial x_\alpha} \tag{9.19}$$

また定義により

$$s_{\alpha\beta} = s_{\beta\alpha}$$

が成り立つ．工学の分野では $s_{\alpha\beta}$ を使うことが多い．前述のように変形の角度を表すからである．

$$u_{\alpha\beta} = \frac{1}{2}\left(\frac{\partial u_\alpha}{\partial x_\beta} + \frac{\partial u_\beta}{\partial x_\alpha}\right) \tag{9.20}$$

を定義することもできる．これについても

$$u_{\alpha\beta} = u_{\beta\alpha}$$

が成り立つ．$u_{\alpha\beta}$ を**歪テンソル**といい，これは 2 階のテンソルである．一方，$s_{\alpha\beta}$ はテンソルではないことに注意しよう．歪テンソルはテンソルとしての座標変換則に直接したがうから，物理の分野ではこちらを用いることが多い．

単位体積の立方体の変形後の値は

$$\begin{aligned} V' &= \widehat{\boldsymbol{x}}' \cdot (\widehat{\boldsymbol{y}}' \times \widehat{\boldsymbol{z}}') \\ &= 1 + s_{xx} + s_{yy} + s_{zz} = 1 + u_{xx} + u_{yy} + u_{zz} \end{aligned}$$

である．したがって，体積膨張率は

$$\frac{\Delta V}{V} = \frac{V' - V}{V} = u_{xx} + u_{yy} + u_{zz} \tag{9.21}$$

となる．

9.2.2 応力テンソル

垂直応力を $\sigma_x = \tau_{xx}$ などと書いた（図 9.3）．応力 τ_{ij} は2階のテンソル量であり，**応力テンソル**という．応力テンソルの組は以下のとおり，行列の形に書かれる．

$$\boldsymbol{T} = (\boldsymbol{\tau}_x, \boldsymbol{\tau}_y, \boldsymbol{\tau}_z) = \begin{pmatrix} \tau_{xx} & \tau_{xy} & \tau_{xz} \\ \tau_{yx} & \tau_{yy} & \tau_{yz} \\ \tau_{zx} & \tau_{zy} & \tau_{zz} \end{pmatrix}. \tag{9.22}$$

連続弾性体の内部に仮想的な面を考えた場合，その面の微小領域の法線方向を

$$\boldsymbol{n} = \begin{pmatrix} l \\ m \\ n \end{pmatrix} \tag{9.23}$$

と (1×3) 行列の形に書けば，この微小面にはたらく応力は行列計算で

$$\begin{aligned} \boldsymbol{\tau_n} &= l\boldsymbol{\tau}_x + m\boldsymbol{\tau}_y + n\boldsymbol{\tau}_z \\ &= (\boldsymbol{\tau}_x, \boldsymbol{\tau}_y, \boldsymbol{\tau}_z) \cdot \boldsymbol{n} = \boldsymbol{T} \cdot \boldsymbol{n} \end{aligned} \tag{9.24}$$

と書き下すことができる．

物質のつり合いのための条件

体積力がなく物体がつりあいの状態にあるとき，内部応力はどこでも0である．式 (9.9) で内部の応力成分を計算した．この式から α 方向の力が0という条件は

$$\sum_{\beta} \frac{\partial \tau_{\beta\alpha}}{\partial x_{\beta}} = 0 \tag{9.25}$$

と書くことができる．さらに，微小要素がつりあいの状態にあるためには，回転のモーメントも0にならなくてはならない．このためには

$$\tau_{\alpha\beta} = \tau_{\beta\alpha} \tag{9.26}$$

が成り立つことが必要である．

フックの法則と弾性テンソル

フックの法則により応力と歪との間には線形関係が成り立つ．これらの係数を $C_{\alpha\beta\gamma\delta}$ とすると

$$
\begin{aligned}
\tau_{xx} &= C_{xxxx}u_{xx} + C_{xxyy}u_{yy} + C_{xxzz}u_{zz} \\
&\quad + C_{xxyz}u_{yz} + C_{xxzx}u_{zx} + C_{xxxy}u_{xy}, \\
\tau_{yy} &= C_{yyxx}u_{xx} + C_{yyyy}u_{yy} + C_{yyzz}u_{zz} \\
&\quad + C_{yyyz}u_{yz} + C_{yyzx}u_{zx} + C_{yyxy}u_{xy}, \\
\tau_{zz} &= C_{zzxx}u_{xx} + C_{zzyy}u_{yy} + C_{zzzz}u_{zz} \\
&\quad + C_{zzyz}u_{yz} + C_{zzzx}u_{zx} + C_{zzxy}u_{xy}, \\
\tau_{yz} &= C_{yzxx}u_{xx} + C_{yzyy}u_{yy} + C_{yzzz}u_{zz} \\
&\quad + C_{yzyz}u_{yz} + C_{yzzx}u_{zx} + C_{yzxy}u_{xy}, \\
\tau_{zx} &= C_{zxxx}u_{xx} + C_{zxyy}u_{yy} + C_{zxzz}u_{zz} \\
&\quad + C_{zxyz}u_{yz} + C_{zxzx}u_{zx} + C_{zxxy}u_{xy}, \\
\tau_{xy} &= C_{xyxx}u_{xx} + C_{xyyy}u_{yy} + C_{xyzz}u_{zz} \\
&\quad + C_{xyyz}u_{yz} + C_{xyzx}u_{zx} + C_{xyxy}u_{xy}
\end{aligned}
\tag{9.27}
$$

と書くことができる．$C_{\alpha\beta\gamma\delta}$ は**弾性テンソル**といい，物質に依存する定数からなる 4 階テンソルである．弾性テンソルの成分は 36 個定義された．系の対称性を考えると，弾性テンソル成分の独立な個数をさらに減らすことができる．

逆に歪を応力の関数として，係数 $S_{\alpha\beta\gamma\delta} = (C^{-1})_{\alpha\beta\gamma\delta}$ を用いて

$$
u_{\alpha\beta} = \sum_{\gamma\delta} S_{\alpha\beta\gamma\delta}\,\tau_{\gamma\delta} \tag{9.28}
$$

と表すこともできる．C^{-1} は弾性テンソルの逆行列である．

9.3 等方弾性体

9.3.1 弾性テンソルの対称性

ここでは等方弾性体を考えてみよう．**等方弾性体**とは弾性体の座標軸の反転，鏡映反転，任意の角度回転などに関して物質の対称性は変化しないものをいう．

等方弾性体中の任意の面（x 軸に垂直な面とする）に垂直な変形（u_{xx}）をかけたとしよう．このときは面に沿ったずれの変形は起こらず，変形 u_{yy} と u_{zz} が同じように起こる．同じように，ずれの変形（u_{xy}）をかけたとしよう．このときは面に垂直な変形は起こらず，変形 u_{xy} しか起こらない．このように考えると，弾性テンソルについて $C_{xxxx}, C_{xxyy}, C_{xyxy}$ の形のものしか残らない．x, y, z を入れ替えて得られるものはこれと同じで，それ以外のものは 0 である．

この結果をまとめると 0 でない独立な弾性テンソル成分は C_{xxxx}，C_{xxyy}，C_{xyxy} の 3 つに減り，弾性テンソルの形は以下のようになる，

$$\{C_{\alpha\beta\gamma\delta}\} = \begin{pmatrix} C_{xxxx} & C_{xxyy} & C_{xxyy} & 0 & 0 & 0 \\ C_{xxyy} & C_{xxxx} & C_{xxyy} & 0 & 0 & 0 \\ C_{xxyy} & C_{xxyy} & C_{xxxx} & 0 & 0 & 0 \\ 0 & 0 & 0 & C_{xyxy} & 0 & 0 \\ 0 & 0 & 0 & 0 & C_{xyxy} & 0 \\ 0 & 0 & 0 & 0 & 0 & C_{xyxy} \end{pmatrix} \tag{9.29}$$

等方弾性体の 3 つの弾性テンソル成分の間に，もう 1 つ重要な関係が成り立っている．応力テンソルと歪テンソルの間の関係は，式 (9.29) から

$$\tau_{xx} = C_{xxxx}u_{xx} + C_{xxyy}(u_{yy} + u_{zz}) \tag{9.30}$$

$$\tau_{xy} = C_{xyxy}u_{xy} \tag{9.31}$$

などと書くことができる．ここで z 軸の周りでの $\pi/4$ 回転を行うと，x, y, z 座標に対して

$$x = \frac{x'}{\sqrt{2}} + \frac{y'}{\sqrt{2}} \tag{9.32}$$

$$y = \frac{x'}{\sqrt{2}} - \frac{y'}{\sqrt{2}} \tag{9.33}$$

$$z = z' \tag{9.34}$$

という変換を行うことになる．τ_{xy} を変換し，続いて（新しい座標系での）歪成分に書き直すと

$$\tau_{xy} = \frac{1}{2}(\tau_{x'x'} - \tau_{y'y'}) = \frac{1}{2}(C_{xxxx} - C_{xxyy})(u_{x'x'} - u_{y'y'}) \quad (9.35)$$

となる．一方，式 (9.31) の u_{xy} に対して座標変換をすると

$$\tau_{xy} = C_{xyxy}u_{xy} = C_{xyxy} \cdot \frac{1}{2}(u_{x'x'} - u_{y'y'}) \quad (9.36)$$

を得る．式 (9.35), (9.36) を比べると

$$C_{xxxx} - C_{xxyy} = C_{xyxy} \quad (9.37)$$

がわかる．これが等方弾性体の弾性テンソル成分に対するもう 1 つの関係式である．

このようにして，等方性物質では独立な弾性テンソル成分は 2 つで

$$\lambda = C_{xxyy}, \quad \mu = \frac{C_{xxxx} - C_{xxyy}}{2} = \frac{C_{xyxy}}{2} \quad (9.38)$$

であることがわかる．λ と μ を**ラメ**（Lamé）**の弾性定数**と呼ぶ．

以上の結果をまとめると弾性テンソルは次のようになる．

$$\{C_{\alpha\beta\gamma\delta}\} = \begin{pmatrix} \lambda+2\mu & \lambda & \lambda & 0 & 0 & 0 \\ \lambda & \lambda+2\mu & \lambda & 0 & 0 & 0 \\ \lambda & \lambda & \lambda+2\mu & 0 & 0 & 0 \\ 0 & 0 & 0 & 2\mu & 0 & 0 \\ 0 & 0 & 0 & 0 & 2\mu & 0 \\ 0 & 0 & 0 & 0 & 0 & 2\mu \end{pmatrix} \quad (9.39)$$

9.3.2 いくつかの弾性定数

ラメの弾性定数以外にも，弾性定数としては

$$K = \lambda + \frac{2}{3}\mu = \frac{C_{xxxx} + 2C_{xxyy}}{3}, \quad (9.40)$$

$$\mu = \frac{C_{xyxy}}{2} \quad (9.41)$$

を用いることもできる．K は**体積弾性率**（bulk modulas），μ は**ずれ弾性率**（shear modulas）と呼ばれる．式 (9.30) を用いれば，さらに

$$\tau_{xx} + \tau_{yy} + \tau_{zz} = (C_{xxxx} + 2C_{xxyy})(u_{xx} + u_{yy} + u_{zz})$$

が導かれるが，左辺は圧力 p の3倍，右辺の $(u_{xx}+u_{yy}+u_{zz})$ は式 (9.21) により体積変化率は

$$\frac{\Delta V}{V}=\frac{V-V'}{V}$$

である．したがって，圧力 p は

$$p=\frac{C_{xxxx}+2C_{xxyy}}{3}\frac{\Delta V}{V}=K\frac{\Delta V}{V} \tag{9.42}$$

となる．式 (9.42) により K は体積弾性率であり，式 (9.31) により $\mu=C_{xyxy}/2$ がずれ弾性率であることが理解できる．

弾性定数としてはヤング率 E，ポアソン比 ν を用いることもできる．これらはラメの定数で以下のように書かれる．

$$E=\frac{\mu(3\lambda+2\mu)}{\lambda+\mu} \tag{9.43}$$

$$\nu=\frac{\lambda}{2(\lambda+\mu)} \tag{9.44}$$

表 9.1 に弾性定数のいくつかの例を挙げておこう．ヤング率が大きいということは，同じ変形を起こさせるのに大きな応力が必要であるということであり，ポアソン比が大きければ伸びに対して垂直方向の縮みが大きいことを意味する．材料によりヤング率は大きく異なるが，一方でポアソン比は 0.2〜0.5 である．もちろん，ポアソン比は 0.5 を超えることはない．

表 9.1 いくつかの材料のヤング率（単位 Pa（パスカル），$\mathrm{Pa}=\mathrm{N/m^3}$）およびポアソン比（無次元）および密度 ρ $(10^3\ \mathrm{kg/m^3})$（「理科年表」（丸善）による）．

	E [Pa]	ν	ρ
アルミニウム	70.3×10^9	0.345	2.6989
金	78.0×10^9	0.44	19.32
銅	129.8×10^9	0.343	8.96
鋼	$(201\sim216)\times10^9$	0.28〜0.30	7.8〜8.0
ガラス（フリント）	80.1×10^9	0.27	2.8〜6.3
ポリエチレン	$0.4\sim1.3\times10^9$	0.458	0.92〜0.97
弾性ゴム	$(1.5\sim5.0)\times10^6$	0.46〜0.49	0.91〜0.96
チーク材	13×10^9	—	0.58〜0.78

9.4　歪エネルギー密度

仕事 $\delta U =$ 応力 $\tau \times$ 変位 δu であるから

$$\delta U = \sum_{(ij)} \tau_{ij}\,\delta u_{ij} = \sum_{(ij)(kl)} C_{ijkl}\,u_{kl}\,\delta u_{ij} \tag{9.45}$$

となる．ただし (ij), (kl) は xx, yy, zz, yz, zx, xy の 6 つの成分をとる．式 (9.29) を用いて微小歪による等方弾性体における弾性エネルギーの変化分が次のように書き下される．

$$\begin{aligned}\delta U = {} & C_{xxxx}(u_{xx}\delta u_{xx} + u_{yy}\delta u_{yy} + u_{zz}\delta u_{zz}) \\ & + C_{xxyy}\big\{(u_{yy} + u_{zz})\delta u_{xx} + (u_{xx} + u_{zz})\delta u_{yy} \\ & \qquad + (u_{xx} + u_{yy})\delta u_{zz}\big\} \\ & + C_{xyxy}(u_{yz}\delta u_{yz} + u_{zx}\delta u_{zx} + u_{xy}\delta u_{xy})\end{aligned} \tag{9.46}$$

これを積分して（$u_{yy}\delta u_{xx} + u_{xx}\delta u_{yy} = \delta(u_{xx}u_{yy})$ などに注意！）

$$\begin{aligned}U = {} & \frac{1}{2}C_{xxxx}\big(u_{xx}^2 + u_{yy}^2 + u_{zz}^2\big) \\ & + C_{xxyy}(u_{xx}u_{yy} + u_{yy}u_{zz} + u_{zz}u_{xx}) \\ & + \frac{1}{2}C_{xyxy}\big(u_{xy}^2 + u_{yz}^2 + u_{zx}^2\big)\end{aligned} \tag{9.47}$$

$$\begin{aligned} & = \sum_{(\alpha\beta)(\gamma\delta)} \frac{1}{2}C_{\alpha\beta\gamma\delta}\,u_{\alpha\beta}\,u_{\gamma\delta} \\ & = \frac{1}{2}\lambda\left(\sum_{(\alpha\alpha)} u_{\alpha\alpha}\right)^2 + \mu\sum_{(\alpha\beta)} u_{\alpha\beta}^2\end{aligned} \tag{9.48}$$

を得る．これが弾性体内の運動方程式（振動）などを議論する場合の基本式となる．

9.5 等方弾性体中の振動の伝播

等方弾性体中のエネルギー密度を基に，伝播する振動に関してどのような議論ができるのかを考えてみよう．体積力はないと仮定して，変位 $\boldsymbol{u} = (u_x, u_y, u_z)$ の運動方程式は式 (9.10) より

$$\rho \frac{\partial^2 u_\alpha}{\partial t^2} = \sum_\beta \frac{\partial \tau_{\beta\alpha}}{\partial x_\beta} \tag{9.49}$$

である．より具体的に書き，また各係数をラメの定数を用いて書き直すなどすれば，以下のようになる．

$$\begin{aligned}
\rho \frac{\partial^2 u_x}{\partial t^2} &= C_{xxxx} \frac{\partial u_{xx}}{\partial x} + C_{xxyy}\left(\frac{\partial u_{yy}}{\partial x} + \frac{\partial u_{zz}}{\partial x}\right) \\
&\qquad + C_{xyxy}\left(\frac{\partial u_{xy}}{\partial y} + \frac{\partial u_{zx}}{\partial z}\right) \\
&= C_{xxxx} \frac{\partial^2 u_x}{\partial x^2} + \frac{C_{xyxy}}{2}\left(\frac{\partial^2 u_x}{\partial y^2} + \frac{\partial^2 u_x}{\partial z^2}\right) \\
&\qquad + \left(C_{xxyy} + \frac{C_{xyxy}}{2}\right)\left(\frac{\partial^2 u_y}{\partial x \partial y} + \frac{\partial^2 u_z}{\partial x \partial z}\right) \\
&= \mu \nabla^2 u_x + (\lambda + \mu) \frac{\partial}{\partial x} \operatorname{div} \boldsymbol{u}, \\
\rho \frac{\partial^2 u_y}{\partial t^2} &= \mu \nabla^2 u_y + (\lambda + \mu) \frac{\partial}{\partial y} \operatorname{div} \boldsymbol{u}, \\
\rho \frac{\partial^2 u_z}{\partial t^2} &= \mu \nabla^2 u_z + (\lambda + \mu) \frac{\partial}{\partial z} \operatorname{div} \boldsymbol{u}
\end{aligned}$$

あるいはまとめて

$$\rho \frac{\partial^2 \boldsymbol{u}}{\partial t^2} = \mu \Delta \boldsymbol{u} + (\lambda + \mu) \operatorname{grad} \operatorname{div} \boldsymbol{u} \tag{9.50}$$

が得られる．ここで

$$\Delta \equiv \nabla^2 = \frac{\partial^2}{\partial x^2} + \frac{\partial^2}{\partial y^2} + \frac{\partial^2}{\partial z^2}$$

は**ラプラス演算子**（**ラプラシアン**）と呼ばれる．式 (9.50) の形は任意の座標系に対して不変である．

ここで，再び $\partial^2 \boldsymbol{u}/\partial t^2 = 0$ とすれば，外力が境界表面を通してのみはたらいている等方弾性体における歪の分布を決める式

$$\Delta \boldsymbol{u} + \frac{1}{1-2\nu}\,\mathrm{grad}\,\mathrm{div}\,\boldsymbol{u} = 0 \tag{9.51}$$

が得られる．式 (9.25) と同じものである．実際にはこれを適当な境界条件の下で解く必要がある．この式の div（発散）をとると

$$\Delta\,\mathrm{div}\,\boldsymbol{u} = 0$$

となる．したがって

$$\mathrm{div}\,\boldsymbol{u} = f$$

は**調和関数**（$\Delta f = 0$）である．次に式 (9.51) に Δ（ラプラス演算子）を演算すると

$$\Delta\Delta \boldsymbol{u} = 0$$

を得る．よって，$\boldsymbol{u}$ は**重調和関数**（$\Delta\Delta g = 0$ を満たす関数）であることがわかる．

9章の問題

□**1**　式 (9.26) を導け．

□**2**　ヤング率 E，ポアソン比 ν とラメの定数の関係 (9.43), (9.44) を導け．

□**3**　表 9.1 より，これらの物質を伝わる弾性波の速度を計算せよ．

□**4**　図 1 のように，等しい長さ L の 2 つの弾性棒の両端に変形しない板を当てて，板を平行に保ったまま大きさ F の力を加える．このとき，弾性棒の縮みの大きさ ΔL を求めよ．ただし，弾性棒のヤング率を E_1, E_2，断面積を A_1, A_2 とおく．

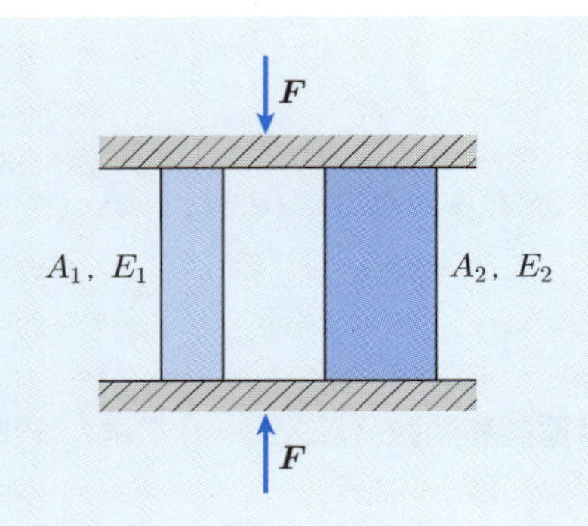

図 1　2 本の弾性棒の圧縮．

□**5**　長さ ℓ と断面積 A が等しい 2 本の弾性棒の一端 C をつなぎ，他端 A, B を L ($< 2\ell$) だけ隔てた鉛直壁の同一水平線上の点に留める（図 2）．ただし，A, B, C の連結部分で弾性棒は自由に回転できるものとする．点 C に鉛直下向きの力 F を加えたときの点 C の変位 x を求めよ．弾性棒のヤング率を E とする．

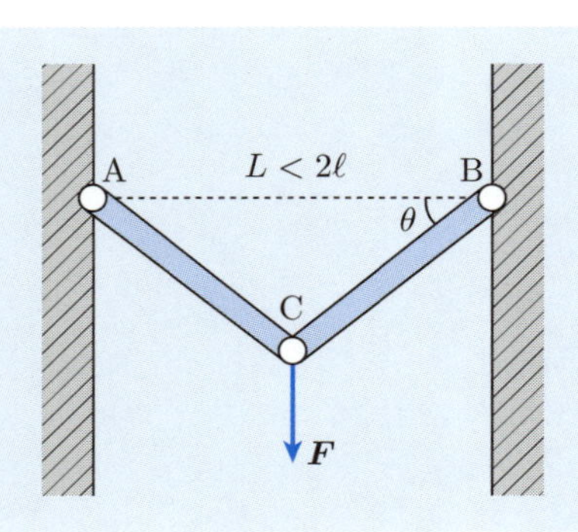

図 2

10 流体の力学

固体である弾性体では回転という自由度は本質的でなかったが，流体の場合には体系が自由に変形し，また部分的な回転の自由度による渦もある．密度一定の流体では，重要なスケール則が成り立つ．

本章では，流動性のある連続体である流体について，その力学的性質を記述する方法を議論し，その結果を使って流体の基礎方程式を導く．

10 章で学ぶ概念・キーワード

- 流動性，応力テンソル，歪速度テンソル，渦度ベクトル，粘性率
- ラグランジュ微分
- 圧縮性流体，非圧縮性流体
- ニュートン流体
- 連続の方程式，ナビエ–ストークス方程式，エネルギー保存則

10.1　流体内部の応力と歪速度

本章では流体の力学的性質について学ぼう．第9章で学んだ弾性体と本章で取り扱う流体では共通点も多いが，最も大きな違いは流動性の有無である．流体の場合には常に大きな変形（もう少し正確な言い方をするならば，微小部分の大きな移動）を問題にする．

流体と一言でいっても，液体も気体もともに流体である．密度が一定で体積変化が極めて小さなものは非圧縮性流体といい，一方，気体のように圧力によって大きく体積を変えるものを圧縮性流体という．粘性も流体の運動を大きく支配する．流体の運動を支配するものは何かという問題も本章の大きなテーマである．本節では，まず流体の運動の記述について考えてみよう．

10.1.1　応力と応力テンソル

流体内部の応力について考えよう．応力の表現は9章9.2.2項における弾性体に関するものと同じである．流体内の法線方向が α である微小な面を仮想的に考える．この面の単位面積当たりにはたらく β 方向の力（応力）を $\tau_{\alpha\beta}$ と書く．応力の単位は「力/面積」である．

以上の定義により，流体の内部に仮想的な面を考え，その面の微小領域の法線方向を

$$\boldsymbol{n} = \begin{pmatrix} l \\ m \\ n \end{pmatrix} \tag{10.1}$$

と表すと，この微小面にはたらく応力はテンソル形式を用いて

$$\boldsymbol{\tau_n} = l\boldsymbol{\tau}_x + m\boldsymbol{\tau}_y + n\boldsymbol{\tau}_z = (\boldsymbol{\tau}_x, \boldsymbol{\tau}_y, \boldsymbol{\tau}_z)\cdot\boldsymbol{n} = \boldsymbol{T}\cdot\boldsymbol{n} \tag{10.2}$$

と書くことができる．$\boldsymbol{T}$ を応力テンソルといい

$$\boldsymbol{T} = (\boldsymbol{\tau}_x, \boldsymbol{\tau}_y, \boldsymbol{\tau}_z) = \begin{pmatrix} \tau_{xx} & \tau_{xy} & \tau_{xz} \\ \tau_{yx} & \tau_{yy} & \tau_{yz} \\ \tau_{zx} & \tau_{zy} & \tau_{zz} \end{pmatrix} \tag{10.3}$$

である．

10.1.2　歪速度テンソル

流体では大きな変形，微小体積の大きな移動を問題とする．したがって，弾性体の議論のように微小変形を議論の中心に据えることはできない．その代わり，単位時間当たりの変形，すなわち歪の速度を議論の中心に置く．

2 点 $\boldsymbol{r}, \boldsymbol{r}' = \boldsymbol{r} + \delta\boldsymbol{r}$ における速度ベクトルを $\boldsymbol{v}, \boldsymbol{v}'$ とする．

$$\boldsymbol{v} = \begin{pmatrix} u \\ v \\ w \end{pmatrix}, \quad \boldsymbol{v}' = \begin{pmatrix} u' \\ v' \\ w' \end{pmatrix} \tag{10.4}$$

これから速度ベクトルの空間的変化は

$$\delta\boldsymbol{v} = \boldsymbol{v}' - \boldsymbol{v} = \boldsymbol{D} \cdot \delta\boldsymbol{r} \tag{10.5}$$

と書かれる．テンソル $\boldsymbol{D}$ は

$$\boldsymbol{D} = \begin{pmatrix} \frac{\partial u}{\partial x} & \frac{\partial u}{\partial y} & \frac{\partial u}{\partial z} \\ \frac{\partial v}{\partial x} & \frac{\partial v}{\partial y} & \frac{\partial v}{\partial z} \\ \frac{\partial w}{\partial x} & \frac{\partial w}{\partial y} & \frac{\partial w}{\partial z} \end{pmatrix} \tag{10.6}$$

と定義される．

テンソル $\boldsymbol{D}$ を対称成分 $\boldsymbol{E}$ と反対称成分 $\boldsymbol{\Omega}$ とに分けて考えよう．$\boldsymbol{D}^{\mathrm{t}}$ は，$\boldsymbol{D}$ の行と列を入れ換えた行列（転置行列）を表す．

$$\begin{aligned} \boldsymbol{E} &= \frac{1}{2}(\boldsymbol{D} + \boldsymbol{D}^{\mathrm{t}}), \\ \boldsymbol{\Omega} &= \frac{1}{2}(\boldsymbol{D} - \boldsymbol{D}^{\mathrm{t}}) \end{aligned} \tag{10.7}$$

対称成分 $\boldsymbol{E}$ は以下のようになる．

$$\begin{aligned} \boldsymbol{E} &\equiv \begin{pmatrix} e_{xx} & e_{xy} & e_{xz} \\ e_{yx} & e_{yy} & e_{yz} \\ e_{zx} & e_{zx} & e_{zz} \end{pmatrix} \\ &= \begin{pmatrix} \frac{\partial u}{\partial x} & \frac{1}{2}\left(\frac{\partial u}{\partial y} + \frac{\partial v}{\partial x}\right) & \frac{1}{2}\left(\frac{\partial u}{\partial z} + \frac{\partial w}{\partial x}\right) \\ \frac{1}{2}\left(\frac{\partial v}{\partial x} + \frac{\partial u}{\partial y}\right) & \frac{\partial v}{\partial y} & \frac{1}{2}\left(\frac{\partial v}{\partial z} + \frac{\partial w}{\partial y}\right) \\ \frac{1}{2}\left(\frac{\partial w}{\partial x} + \frac{\partial u}{\partial z}\right) & \frac{1}{2}\left(\frac{\partial w}{\partial y} + \frac{\partial v}{\partial z}\right) & \frac{\partial w}{\partial z} \end{pmatrix} \end{aligned} \tag{10.8}$$

これを**歪速度テンソル**（あるいは**変形速度テンソル**）という．歪速度テンソルの対角成分は伸びの速度を，非対角成分はずれ速度をそれぞれ表す．これにつ

いては後でもう少し議論する．

反対称成分 $\boldsymbol{\Omega}$ は

$$\boldsymbol{\Omega} \equiv \begin{pmatrix} 0 & -\zeta & \eta \\ \zeta & 0 & -\xi \\ -\eta & \xi & 0 \end{pmatrix} = \begin{pmatrix} 0 & \frac{1}{2}\left(\frac{\partial u}{\partial y} - \frac{\partial v}{\partial x}\right) & \frac{1}{2}\left(\frac{\partial u}{\partial z} - \frac{\partial w}{\partial x}\right) \\ \frac{1}{2}\left(\frac{\partial v}{\partial x} - \frac{\partial u}{\partial y}\right) & 0 & \frac{1}{2}\left(\frac{\partial v}{\partial z} - \frac{\partial w}{\partial y}\right) \\ \frac{1}{2}\left(\frac{\partial w}{\partial x} - \frac{\partial u}{\partial z}\right) & \frac{1}{2}\left(\frac{\partial w}{\partial y} - \frac{\partial v}{\partial z}\right) & 0 \end{pmatrix} \tag{10.9}$$

である．ここで**渦度ベクトル** $\boldsymbol{\omega}$ を次のように定義しよう．なぜ渦度というかの説明は後で議論する．

$$\mathrm{rot}\,\boldsymbol{v} = \begin{pmatrix} \frac{\partial w}{\partial y} - \frac{\partial v}{\partial z} \\ \frac{\partial u}{\partial z} - \frac{\partial w}{\partial x} \\ \frac{\partial v}{\partial x} - \frac{\partial u}{\partial y} \end{pmatrix} = \begin{pmatrix} 2\xi \\ 2\eta \\ 2\zeta \end{pmatrix} \equiv \boldsymbol{\omega} \tag{10.10}$$

これらを使うと速度ベクトルの空間変化 $\boldsymbol{v}$ の反対称部分は以下のように書くことができる．

$$\boldsymbol{\Omega} \cdot \delta \boldsymbol{r} = \frac{1}{2}\,\mathrm{rot}\,\boldsymbol{v} \times \delta \boldsymbol{r} = \frac{1}{2}\boldsymbol{\omega} \times \delta \boldsymbol{r} \tag{10.11}$$

歪速度テンソル $\boldsymbol{E}$ の意味

反対称成分 $\boldsymbol{\Omega} = 0$ とし，まず対称成分 $\boldsymbol{E}$ の効果を考える．式 (9.12) と同様に式 (10.5) より，流体中の微小直方体 $\delta x\,\delta y\,\delta z$ の微小時間 Δt 後の変形を考えてみよう．x, y, z 方向の変形成分は

$$\begin{aligned} \delta u\,\Delta t &= e_{xx}\,\delta x\,\Delta t + e_{xy}\,\delta y\,\Delta t + e_{xz}\,\delta z\,\Delta t, \\ \delta v\,\Delta t &= e_{yx}\,\delta x\,\Delta t + e_{yy}\,\delta y\,\Delta t + e_{yz}\,\delta z\,\Delta t, \\ \delta w\,\Delta t &= e_{zx}\,\delta x\,\Delta t + e_{zy}\,\delta y\,\Delta t + e_{zz}\,\delta z\,\Delta t \end{aligned} \tag{10.12}$$

と書くことができる．図 10.1 に $e_{xx} \neq 0$ で他の成分はすべて 0（$e_{ij} = 0$）の場合と，$e_{xy} \neq 0$ で他の成分 $e_{ij} = 0$ の場合について，時間 Δt での変形の様子を書いた．これらから $e_{\alpha\alpha}$ は単位時間当たりの伸びの割合を，$e_{\alpha\beta}$（$\alpha \neq \beta$）

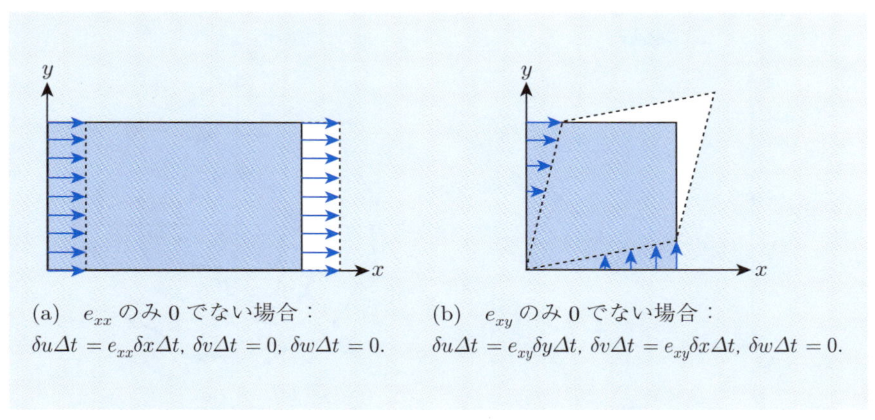

図 10.1　歪速度の意味．矢印は歪成分の大きさを示す．

は単位時間当たりのずれ（**ずれ流れ**）を表す．

また，弾性体の場合と同様に

$$\mathrm{div}\,\boldsymbol{v} = \frac{\partial u}{\partial x} + \frac{\partial v}{\partial y} + \frac{\partial w}{\partial z} = e_{xx} + e_{yy} + e_{zz} \tag{10.13}$$

は単位時間当たりの体積膨張率を表す．すなわち，流れの速度 $\boldsymbol{v}$ の発散は「単位時間当たりの体積膨張率」であることがわかる．

渦度ベクトル ω，テンソル $\boldsymbol{\Omega}$ の意味

対称成分 $\boldsymbol{E} = 0$ としよう．このとき x, y, z 方向の変形成分は式 (10.9) により

$$\begin{aligned} \delta u\,\Delta t &= \eta\delta z\,\Delta t - \zeta\delta y\,\Delta t, \\ \delta v\,\Delta t &= \zeta\delta x\,\Delta t - \xi\delta z\,\Delta t, \\ \delta w\,\Delta t &= \xi\delta y\,\Delta t - \eta\delta x\,\Delta t \end{aligned} \tag{10.14}$$

と書くことができる．$\xi = 0$, $\eta = 0$ の場合の変形の様子を図 10.2 に示す．これから $\zeta\Delta t$ は z 軸の周りの微小回転角を表すことがわかる．すなわち，ζ は z 軸の周りの回転角速度である．同様に ξ, η は流体の微小部分の，x 軸あるいは y 軸の周りの回転角速度である．したがって，全体として $(1/2)\,\mathrm{rot}\,\boldsymbol{v} = (1/2)\boldsymbol{\omega}$ は流体の微小部分の剛体回転の角速度を表している．これが $\boldsymbol{\omega}$ を渦度（ベクトル）と呼ぶ理由であり，渦の方向と強さ（渦の回転軸の方向と角速度の大きさ）を表す．

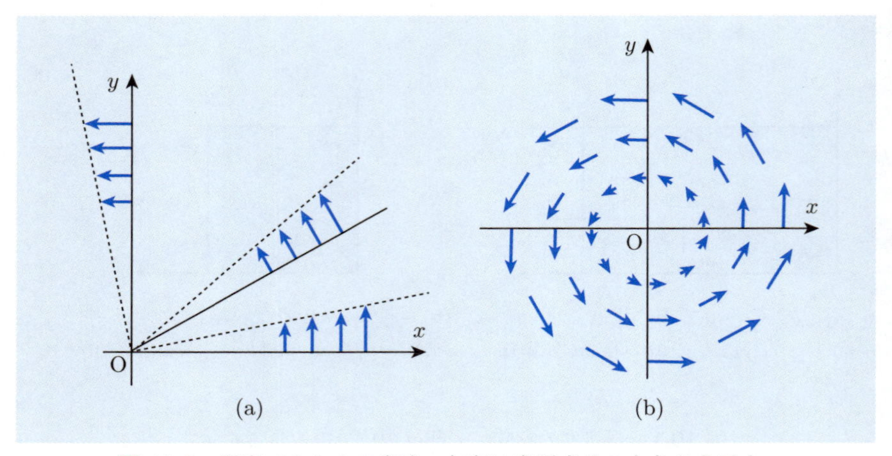

図 10.2 渦度ベクトルの意味．矢印は変形成分の大きさを示す．

10.1.3 ニュートンの粘性法則と粘性率

厚さ h の液体を間に挟んで xy 面に平行に広がる2枚の並行平板がある．下の板は静止し，上の板は z 軸方向に速度 U で運動しているとしよう（図10.3）．このとき，もし流体はサラサラで壁との間に何の抵抗もないとすると，流体は最初の状態を保ち壁の影響は受けないであろう．現実にはこのようなことは“ほとんど”あり得ず（ヘリウム4の超流動状態がこれである），流体は壁に引きずられるような格好で壁と接する部分は壁の速度と同じ速度で動くであろう．$x=0$ を下の平板上にとり，上の平板の位置を $x=h$ とすれば，z 方向の液体の速度 w は

$$w = \frac{Ux}{h} \tag{10.15}$$

である．流体内の応力 τ は，水や空気などの場合には

$$\tau = \mu \frac{dw}{dx} \tag{10.16}$$

の関係が成り立つ．比例係数 μ を**粘性率**という．これが**ニュートンの粘性法則**である．粘性率の具体的な値を表10.1に示す．この値は温度によって大きく異なる．

$\mu=0$ の流体を**完全流体**という．粘性がないということは，せん断応力がないということである．実際の流体でも，粘性率が相対的に小さい場合，完全流体として扱うことが多い．

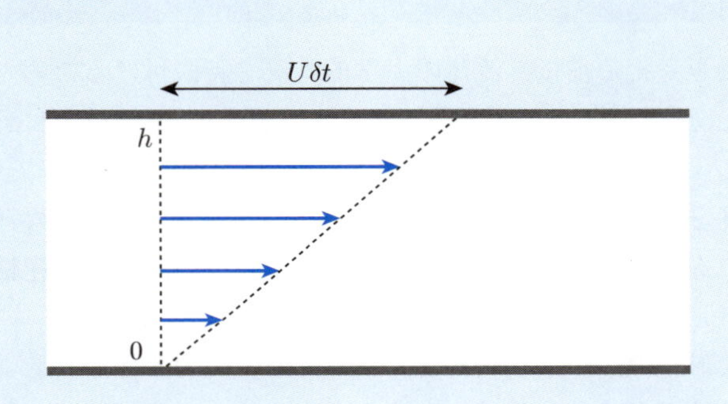

図 10.3　ニュートンの粘性法則.

表 10.1　いくつかの流体の粘性率（「理科年表」（丸善）による）.

	μ [Pa · s]	密度 ρ [g/cm^3]
空気（20°C）	18.2×10^{-6}	1.205×10^{-3}
水（20°C）	1.002×10^{-3}	0.9982
エチルアルコール（25°C）	1.197×10^{-3}	0.789
ひまし油（25°C）	700×10^{-3}	0.96〜0.97

10.2 等方性流体の弾性定数

流体の運動を考える前に，流体の力学的性質を特徴付けるための物理定数とは何かを考えよう．これまで弾性体を考えてきたところから想像できるように，まず密度（微小部分の体積当たりの質量）と応力–歪速度の関係を定めればよい．

流体の密度を ρ と書く．これは場所に依存し，さらには流体の運動に従って時刻の関数でもよい．流れに沿って密度が変化しない流体を**非圧縮性流体**という．これに対して一般の流体は**圧縮性流体**である．

流体中で変形（歪）が生じたとき，歪と応力の間の関係を考えよう．応力を τ_{ij}，歪速度のない場合の応力を τ_{ij}^0 とする．流体では歪速度のない状態（静止状態あるいは一様な流れ）では（流体内の仮想的面を考えたとき，その面に垂直方向の成分のみを持った）静水圧のみがはたらくことを考えると $\tau_{ij}^0 = -p\delta_{ij}$ である．閉じた領域 V の表面 S を考えたとき，応力ベクトルの方向は閉曲面の外向きに正の方向を定義するので，ここでは静水圧の値を負符号としている．

応力テンソルの成分は第 1 近似すなわち歪速度テンソルの要素の 1 次の範囲で

$$\begin{pmatrix}\tau_{xx}\\ \tau_{yy}\\ \tau_{zz}\\ \tau_{yz}\\ \tau_{zx}\\ \tau_{xy}\end{pmatrix} = \begin{pmatrix}-p\\ -p\\ -p\\ 0\\ 0\\ 0\end{pmatrix} + \begin{pmatrix}C_{11} & C_{12} & C_{13} & \cdots & C_{16}\\ C_{21} & C_{22} & C_{23} & & \vdots\\ C_{31} & C_{32} & \ddots & & \vdots\\ \vdots & & & \ddots & \vdots\\ C_{61} & & \cdots\cdots & & C_{66}\end{pmatrix} \begin{pmatrix}e_{xx}\\ e_{yy}\\ e_{zz}\\ e_{yz}\\ e_{zx}\\ e_{xy}\end{pmatrix} \tag{10.17}$$

と書くことができる．ここでは，歪速度テンソル $\boldsymbol{E}$ のみ現れる．剛体回転に対応する反対称部分 $\boldsymbol{\Omega}$ は，応力に寄与しないから現れない．

一般の流体は等方性とは限らないが，本書では対象とする流体はすべて等方的であるとする．すでに等方弾性体の場合の弾性定数が式 (9.39) の形であることを見た．弾性体では変形に対する定数であり，ここでは変形速度に対する係数であるが対称性を考える場合にはまったく同様な議論を行うことができる．その結果，等方性流体における応力と変形速度の関係が以下の形であることがわかる．

$$\begin{pmatrix}\tau_{xx}\\ \tau_{yy}\\ \tau_{zz}\\ \tau_{yz}\\ \tau_{zx}\\ \tau_{xy}\end{pmatrix}=\begin{pmatrix}-p\\ -p\\ -p\\ 0\\ 0\\ 0\end{pmatrix}+\begin{pmatrix}\lambda+2\mu & \lambda & \lambda & 0 & 0 & 0\\ \lambda & \lambda+2\mu & \lambda & 0 & 0 & 0\\ \lambda & \lambda & \lambda+2\mu & 0 & 0 & 0\\ 0 & 0 & 0 & 2\mu & 0 & 0\\ 0 & 0 & 0 & 0 & 2\mu & 0\\ 0 & 0 & 0 & 0 & 0 & 2\mu\end{pmatrix}\begin{pmatrix}e_{xx}\\ e_{yy}\\ e_{zz}\\ e_{yz}\\ e_{zx}\\ e_{xy}\end{pmatrix} \tag{10.18}$$

$\mu = C_{xyxy}/2$ が，式 (10.16) で述べた粘性率であることもわかる．
流体の応力が変形速度の 1 次までの範囲で表される流体を**ニュートン流体**と呼ぶ．

$$e_{xx}+e_{yy}+e_{zz}=\frac{\partial u}{\partial x}+\frac{\partial v}{\partial y}+\frac{\partial w}{\partial z}=\mathrm{div}\,\boldsymbol{v}$$

に注意して式 (10.18) を書き直すと

$$\tau_{ij}=-p\delta_{ij}+\lambda\,\mathrm{div}\,\boldsymbol{v}\delta_{ij}+2\mu e_{ij} \tag{10.19}$$

となり，これから

$$\tau=\frac{1}{3}\sum_i \tau_{ii}=-p+\left(\lambda+\frac{2}{3}\mu\right)\mathrm{div}\,\boldsymbol{v} \tag{10.20}$$

を得る．τ は流体中の流れがある場合の圧力である．

また $\mathrm{div}\,\boldsymbol{v}$ は体積膨張速度を表すから，式 (10.20) から $\lambda+(2/3)\mu$ を**体積粘性率**といい，流れの膨張により生じた摩擦により圧力が変化することを示している．

10.3 ラグランジュ微分

流体の運動を考える場合，伝統的に 2 つの方法がある．1 つは流体がある空間内の固定された各点において，流れを考える方法である．これを**オイラーの見方**と呼ぼう．もう 1 つは，流体を微小粒子の集団と考え，その粒子の運動を追いかける方法である．これを**ラグランジュの見方**と呼ぶ．質点系の力学になれた見方からすれば，ラグランジュの見方の方が自然であろう．

10.3.1 オイラーの見方

オイラーの見方では物理量 A は空間の座標 (x, y, z) と時刻 t の関数である．

$$A(x, y, z, t)$$

これは時刻が $t + \Delta t$ になれば

$$A(x, y, z, t + \Delta t)$$

と変化する．したがって，このとき各点での運動の局所的様子は x, y, z, t を独立変数とした局所的量 $A(x, y, z, t)$ と偏微分

$$\frac{\partial A}{\partial x}, \quad \frac{\partial A}{\partial y}, \quad \frac{\partial A}{\partial z}, \quad \frac{\partial A}{\partial t}$$

によって書くことができる．

10.3.2 ラグランジュの見方：ラグランジュ微分

ラグランジュの見方では小さな粒子はそれ自身が時間の関数として運動する．数学的な意味では，独立変数は時刻 t のみであり，空間の座標は粒子の位置座標であるから，それも時刻 t の関数であるような従属変数となる．時刻 t で $\boldsymbol{x}(t)$ にあるような流体の微小部分は，時刻 $t + \Delta t$ には

$$\boldsymbol{x}(t + \Delta t) = \boldsymbol{x} + \boldsymbol{v}\Delta t$$

に移り，したがって物理量 $A = A(\boldsymbol{x}, t)$ は $A(\boldsymbol{x}(t + \Delta t), t + \delta t)$ に変わる．この粒子（微小部分）に付随した物理量の変化は

$$\begin{aligned} \Delta A &= A\big(\boldsymbol{x}(t + \Delta t), t + \delta t\big) - A(\boldsymbol{x}, t) \\ &= A(\boldsymbol{x} + \boldsymbol{v}\Delta t, t + \delta t) - A(\boldsymbol{x}, t) \\ &= \left(u\,\frac{\partial A}{\partial x} + v\,\frac{\partial A}{\partial y} + w\,\frac{\partial A}{\partial z} + \frac{\partial A}{\partial t}\right)\Delta t + O(\Delta t^2) \end{aligned} \tag{10.21}$$

となる．極限 $\Delta t \to 0$ をとれば

$$\lim_{\Delta t \to 0} \frac{\Delta A}{\Delta t} = \frac{DA}{Dt}$$

$$\frac{D}{Dt} A = \left(u \frac{\partial}{\partial x} + v \frac{\partial}{\partial y} + w \frac{\partial}{\partial z} + \frac{\partial}{\partial t} \right) A \tag{10.22}$$

となる．微分演算子 D/Dt を**ラグランジュ微分**という．ラグランジュ微分は

$$\frac{D}{Dt} = \frac{\partial}{\partial t} + \boldsymbol{v} \cdot \nabla \tag{10.23}$$

と書くこともできる．

オイラーとラグランジュ

「仮想仕事の原理」や「ラグランジュ形式による変分問題」は，拘束力がある複雑な問題に対して威力を発揮する．このような考え方はレオンハルト・オイラー（1707–1783）に始まり，ジョセフ・ルイ・ラグランジュ（1736–1813）にいたる天才たちによるものである．ラグランジュ形式を用いた力学の再構築により，質点系に対しての力学が「解析力学」として完成された．解析力学は連続体や無限自由度の系に広く適用され，現在の工学および物理学諸分野の発展を支えている．

10.4 流体の基礎方程式

この節では流体の運動に関する基礎方程式を議論する．それらは流体の質量保存，運動量保存，エネルギー保存に基づくいずれも保存則である．

10.4.1 質量の保存則：連続の方程式

オイラーの見方に立って，空間の中の任意の閉曲面 S を考え，またその閉曲面に囲まれた領域を V としよう．流体の密度を ρ，S の外向き法線方向の速度を v_n とする．閉曲面の微小面積 dS を通って外に流れだす流体の質量は $\rho v_n\,dS$ である．これを閉曲面全体にわたって積分すれば，それはちょうど領域 V の中での質量の減少量である．

$$\iint_S \rho v_n\,dS = -\frac{d}{dt}\iiint_V \rho\,dV \tag{10.24}$$

これが流体の運動に関する質量保存の法則である．右辺を

$$-\frac{d}{dt}\iiint_V \rho\,dV = -\iiint_V \frac{\partial \rho}{\partial t}\,dV$$

と書きかえ，また左辺をガウスの定理を用いて表面積分を体積積分に書きかえ

$$\iint_S \rho v_n\,dS = \iiint_V \mathrm{div}(\rho \boldsymbol{v})\,dV$$

とする．両者合わせて

$$\iiint_V \mathrm{div}(\rho \boldsymbol{v})\,dV = -\iiint_V \frac{\partial \rho}{\partial t}\,dV$$

である．これは任意の微小体積部分に対しても成り立つから

$$\frac{\partial \rho}{\partial t} + \mathrm{div}(\rho \boldsymbol{v}) = 0 \tag{10.25}$$

を得る．これを**連続の方程式**と呼ぶ．

式 (10.25) を書きかえると

$$\frac{\partial \rho}{\partial t} + \boldsymbol{v}\cdot\mathrm{grad}\,\rho + \rho\,\mathrm{div}\,\boldsymbol{v} = 0$$

となる．式 (10.23) を用いると，いま求めたオイラーの立場からの連続の式をラグランジュの見方の式に書きかえることもできる．

$$\frac{D\rho}{Dt} + \rho \operatorname{div} \boldsymbol{v} = 0 \tag{10.26}$$

非圧縮性液体では流れに沿って $\rho =$ 一定 であるから

$$\frac{D\rho}{Dt} = 0$$

であり，連続の方程式は

$$\operatorname{div} \boldsymbol{v} = 0 \tag{10.27}$$

となる．

10.4.2　運動量の保存則：ナビエ–ストークス方程式

領域 V を占める流体の運動量保存，すなわち力のつりあいについて考えよう．今度はラグランジュの見方の方が簡単である．

流体の微小体積部分 dV が運動によって移動していくときの運動量の変化は $(\rho\, dV)\frac{D\boldsymbol{v}}{Dt}$ である．一方，この微小体積部分にはたらく外力を，体積力 $\boldsymbol{K}$，面積力 $\boldsymbol{\tau}_n = \boldsymbol{T} \cdot \boldsymbol{n}$ に分けて考えると，運動量の変化と外力がつりあっているのだから

$$\int_V (\rho\, dV)\, \frac{D\boldsymbol{v}}{Dt} = \int_V (\rho\, dV)\boldsymbol{K} + \int_S \boldsymbol{T} \cdot \boldsymbol{n}\, dS \tag{10.28}$$

が得られる．ここで，面 S の外向き法線方向を $\boldsymbol{n}$ と書いた．連続の方程式で行ったのと同様に，面積積分を体積積分に書き直し

$$\rho \frac{D\boldsymbol{v}}{Dt} = \rho\boldsymbol{K} + \operatorname{div} \boldsymbol{T} \tag{10.29}$$

を得る[1]．これがいま求めようとしていた式であり，**ナビエ–ストークス**(Navier–Stokes) **方程式**という．ニュートン流体ではこれを式 (10.18) により書き直して

---

[1] テンソル $\boldsymbol{T}$ の発散（∇ とテンソルの積）が現れた．これはベクトルでありその i 成分は

$$(\operatorname{div} \boldsymbol{T})_i = \sum_j \frac{\partial}{\partial x_j} T_{ij} \tag{10.30}$$

と定義される．これは式 (10.28) でベクトルの各 i 成分ごとにガウスの定理（発散定理）を用いて導かれる．ここでは ∇ を横ベクトルとして $\nabla = \left(\frac{\partial}{\partial x}, \frac{\partial}{\partial y}, \frac{\partial}{\partial z}\right)$ と考えベクトルと行列の積（ベクトル行列積）$\nabla \boldsymbol{T}$ を実行したものに他ならない．10.4.3 項の脚注を参照のこと．

$$\rho \frac{D\boldsymbol{v}}{Dt} = \rho \boldsymbol{K} - \nabla p + (\lambda + \mu)\nabla(\mathrm{div}\,\boldsymbol{v}) + \mu \Delta \boldsymbol{v} \tag{10.31}$$

となる．非圧縮性流体では $\mathrm{div}\,\boldsymbol{v} = 0$ であるからさらに書き直して次式を得る．

$$\rho \frac{D\boldsymbol{v}}{Dt} = \rho \boldsymbol{K} - \nabla p + \mu \Delta \boldsymbol{v} \tag{10.32}$$

完全流体（$\mu = 0$）の静力学では式 (10.32) は

$$\boldsymbol{K} = \frac{1}{\rho} \nabla p$$

となり，これが**アルキメデスの原理**である．$\mu = 0$ で流れがある非圧縮性流体の場合には，式 (10.32) よりベルヌーイの定理が導かれる．

10.4.3　エネルギー保存則

空間中に固定した領域内を，運動によって移動していく微小体積部分 dV（表面積 dS）のエネルギー収支を考えよう．この微小体積部分の質量は $\rho\, dV$ である．流体内部の単位体積，単位質量当たりの内部エネルギーを W とすると，その運動エネルギーは $\frac{1}{2}(\rho\, dV)v^2$，内部エネルギーは $(\rho\, dV)W$ である．これから領域 V 内部の単位時間当たりエネルギーの増加量は

$$\frac{d}{dt}\iiint_V \rho\left(\frac{1}{2}v^2 + W\right) dV = \iiint_V \frac{\partial}{\partial t}\left\{\rho\left(\frac{1}{2}v^2 + W\right)\right\} dV$$

である．一方，表面 S を通って外に流れ出す流体の質量は単位時間当たり $\rho v_n\, dS$ であり，それに伴い単位時間に外に流れ出すエネルギーは $\rho v_n\left(\frac{1}{2}v^2 + W\right) dS$ である．これをガウスの定理により書き直す．

$$\iint_S \rho v_n \left(\frac{1}{2}v^2 + W\right) dS = \iiint_V \mathrm{div}\left\{\rho \boldsymbol{v}\left(\frac{1}{2}v^2 + W\right)\right\} dV \tag{10.33}$$

この他に，体積力および表面力が働いているので流体の移動により仕事をし，エネルギーの出入りがある．これらは

$$\iiint_V dV \rho \boldsymbol{K}\cdot\boldsymbol{v} + \iint_S dS \boldsymbol{v}\cdot\boldsymbol{T}_n = \iiint_V dV \left\{(\rho\boldsymbol{v}\cdot\boldsymbol{K}) + \mathrm{div}(\boldsymbol{v}\cdot\boldsymbol{T})\right\} \tag{10.34}$$

である[2)]．この他に，流体内部に温度勾配があれば，それに伴って熱流 $\boldsymbol{q}$ があり得る．これは表面を通って，出入りがあるので，それらは

$$\iint_S dS q_n = \iiint_V dV\,\mathrm{div}\,\boldsymbol{q} \tag{10.35}$$

である．以上をまとめると

$$\begin{aligned}&\frac{\partial}{\partial t}\left\{\rho\left(\frac{1}{2}v^2 + W\right)\right\}\\&= \mathrm{div}\left\{-\rho\boldsymbol{v}\left(\frac{1}{2}v^2 + W\right) + \boldsymbol{v}\cdot\boldsymbol{T} - \boldsymbol{q}\right\} + \rho\boldsymbol{K}\cdot\boldsymbol{v}\end{aligned} \tag{10.36}$$

となる．これが流体に関するエネルギー保存則である．

式 (10.36) をラグランジュ微分を用いて書き直そう．まず

$$\begin{aligned}\frac{\partial}{\partial t}(\rho W) + \mathrm{div}(\rho W\boldsymbol{v}) &= \left(\frac{\partial}{\partial t} + \boldsymbol{v}\cdot\mathrm{grad}\right)\rho W + \rho W\,\mathrm{div}\,\boldsymbol{v}\\&= \frac{D}{Dt}(\rho W) - W\frac{D\rho}{Dt}\\&= \rho\frac{DW}{Dt}\end{aligned} \tag{10.37}$$

---

2) $\boldsymbol{T}_n$ は面 S にはたらく外向き（$\boldsymbol{n}$）応力 $\boldsymbol{T}_n$ とベクトル $\boldsymbol{v}$ の内積であるから

$$\boldsymbol{v}\cdot\boldsymbol{T}_n = \boldsymbol{v}\cdot(\boldsymbol{T}\cdot\boldsymbol{b})$$

はスカラーである．これを行列とベクトルの積とみるならば，$\boldsymbol{v}$ や $\boldsymbol{n}$ は式 (10.1) や式 (10.4) のように縦ベクトル，1×3 行列と定義し，横ベクトルをその転置行列と定義する．こうすると，上の式は $\boldsymbol{v}^{\mathrm{t}}\cdot(\boldsymbol{T}\cdot\boldsymbol{b})$ と書けばよい．そうすると ベクトル・行列・ベクトル積 は順番によらず $\boldsymbol{v}^{\mathrm{t}}\cdot\boldsymbol{T}\cdot\boldsymbol{b}$ とすることができる．これにより

$$\begin{aligned}\iint_S dS(\boldsymbol{v})\cdot\boldsymbol{T}_n &= \iint_S dS(\boldsymbol{v}^{\mathrm{t}})\cdot\boldsymbol{T}\cdot\boldsymbol{n}\\&= \iint_S dS(\boldsymbol{v}^{\mathrm{t}}\cdot\boldsymbol{T})\cdot\boldsymbol{n}\\&= \iiint_V dV\,\mathrm{div}(\boldsymbol{v}^{\mathrm{t}}\cdot\boldsymbol{T})\end{aligned}$$

を得る．この右辺を $\iiint_V dV\,\mathrm{div}(\boldsymbol{v}\cdot\boldsymbol{T})$ と書いている．

さらに

$$
\begin{aligned}
&\frac{\partial}{\partial t}\left(\frac{1}{2}\rho v^2\right) + \operatorname{div}\left(\frac{1}{2}\rho \boldsymbol{v}\cdot v^2\right) - \rho\boldsymbol{K}\cdot\boldsymbol{v} - \operatorname{div}(\boldsymbol{v}\cdot\boldsymbol{T}) \\
&= \frac{\partial}{\partial t}\left(\frac{1}{2}\rho v^2\right) + \boldsymbol{v}\cdot\operatorname{grad}\frac{1}{2}\rho v^2 + \frac{1}{2}\rho v^2 \operatorname{div}\boldsymbol{v} - \rho\boldsymbol{K}\cdot\boldsymbol{v} - \operatorname{div}(\boldsymbol{v}\cdot\boldsymbol{T}) \\
&= \frac{D}{Dt}\left(\frac{1}{2}\rho v^2\right) - \frac{1}{2}v^2\frac{D\rho}{Dt} - \left\{\rho\boldsymbol{K} + (\operatorname{div}\boldsymbol{T})\right\}\cdot\boldsymbol{v} - \sum_{ik}\tau_{ik}\frac{\partial v_i}{\partial x_k} \\
&= \rho\frac{D}{Dt}\left(\frac{1}{2}v^2\right) - \rho\frac{D\boldsymbol{v}}{Dt}\cdot\boldsymbol{v} - \sum_{ik}\tau_{ik}\frac{\partial v_i}{\partial x_k} \\
&= -\sum_{ik}\tau_{ik}\frac{\partial v_i}{\partial x_k} \qquad (10.38)
\end{aligned}
$$

式 (10.36)〜(10.38) によりラグランジュの見方でのエネルギー保存則は

$$
\rho\frac{DW}{Dt} + \operatorname{div}\boldsymbol{q} - \sum_{ik}\tau_{ik}\frac{\partial v_i}{\partial x_k} = 0 \qquad (10.39)
$$

と大変見易い形になる．式 (10.39) の第 3 項が流れに沿った（ラグランジュの見方による）応力による仕事の時間的割合となっている．

10.5　密度一定の流れ：非圧縮性流体におけるレイノルズの相似則

密度 ρ 一定の流れ，すなわち非圧縮性流体では

$$\operatorname{div} \boldsymbol{v} = 0$$

である．このとき重要な相似則が成り立つ．

非圧縮性流体の基礎方程式は，連続の方程式が

$$\operatorname{div} \boldsymbol{v} = 0 \tag{10.40}$$

と，ナビエ–ストークス方程式が

$$\rho \frac{D\boldsymbol{v}}{Dt} = \rho \boldsymbol{K} - \nabla p + \mu \Delta \boldsymbol{v} \tag{10.41}$$

となる．外力を保存力と仮定し

$$\boldsymbol{K} = -\operatorname{grad} \Phi \tag{10.42}$$

と書き

$$p^* = p + \rho \Phi \tag{10.43}$$

を定義する．これらを用いれば，ナビエ–ストークスの方程式は

$$\rho \frac{D\boldsymbol{v}}{Dt} = -\nabla p^* + \mu \Delta \boldsymbol{v} \tag{10.44}$$

である．

ここでナビエ–ストークス方程式を無次元化することを考え，長さを L，速度を U，時間を L/U でスケールしよう．

$$\boldsymbol{x}' = \frac{\boldsymbol{x}}{L}, \tag{10.45}$$

$$\boldsymbol{v}' = \frac{\boldsymbol{v}}{U}, \tag{10.46}$$

$$t' = \frac{t}{L/U}, \tag{10.47}$$

$$p' = \frac{p^*}{\rho U^2} \tag{10.48}$$

すると，連続の方程式は

$$\mathrm{div}'\,\boldsymbol{v}' = 0 \tag{10.49}$$

ナビエ–ストークス方程式は

$$\frac{D\boldsymbol{v}'}{Dt'} = -\nabla' p' + \frac{1}{R}\Delta' \boldsymbol{v}' \tag{10.50}$$

となる．ここで定数 R を**レイノルズ数**といい

$$R = \frac{\rho U L}{\mu} = \frac{UL}{\nu} \tag{10.51}$$

と定義される．式 (10.50) には定数は R しかない．すなわちレイノルズ数 R が同じであれば，（非圧縮性）流体はまったく同じ振舞いをする．逆に同じ流体でも流れる環境の大きさが異なればその振舞いは異なる．例えば大きい物体の粘性率 μ が大きい流体の中での振舞いは，L/μ が同じなら同じ振舞いをする．これを**レイノルズの相似則**と呼ぶ．このことは実用上，大変重要である．レイノルズ数が同じ小さいモデルを用いて実験を行うことにより，実際の系における流体力学的な性質を知ることができるからである．

また，レイノルズ数が大きくなると，無秩序な流れ（乱流）が発生する．乱流は非常に一般的な現象（流れの速い水道からの水，雲の流れなど）で，工学的にも熱や物質の拡散を促す重要な要素であるが，本書の範囲を越えるので，これ以上はふれない．

10 章の問題

□ **1**　テンソルについてのガウスの定理

$$\int_v \operatorname{div} \boldsymbol{T}\, dv = \int_S \boldsymbol{T} \cdot \boldsymbol{n}\, dS$$

を示せ．ただし

$$(\operatorname{div} \boldsymbol{T})_i = \sum_j \frac{\partial}{\partial x_j} T_{ij}$$

と定義する．

□ **2**　ニュートン流体の場合のナビエ–ストークス方程式 (10.31) を導け．

□ **3**　次の式を示せ．

$$\begin{aligned}\iint_S dS(\rho \boldsymbol{v}) \cdot \boldsymbol{T}_n &= \iint_S dS(\rho \boldsymbol{v}^{\mathrm{t}}) \cdot \boldsymbol{T} \cdot \boldsymbol{n} \\ &= \iint_S dS(\rho \boldsymbol{v}^{\mathrm{t}}) \cdot \boldsymbol{T} \cdot \boldsymbol{n} \\ &= \iiint_v dv \operatorname{div}(\rho \boldsymbol{v}^{\mathrm{t}} \cdot \boldsymbol{T})\end{aligned}$$

□ **4**　式 (10.50) を導け．

付　　　録

A　数学的補足

A.1　ベクトルの演算

力学では質点の位置座標や速度など，3次元ユークリッド空間の中の位置や方向を示す3次元ベクトルが登場する．さらに，これらのベクトル量を用いて他の物理量を定義する場合も多い．ここでは，そのようなベクトルに関する演算の定義をまとめておくことにする．

直交する3つの単位ベクトル $\boldsymbol{i}$, $\boldsymbol{j}$, $\boldsymbol{k}$ の方向に座標軸 x, y, z をとり，ベクトル $\boldsymbol{A}$, $\boldsymbol{B}$ の成分を

$$\boldsymbol{A} = A_x\boldsymbol{i} + A_y\boldsymbol{j} + A_z\boldsymbol{k} = (A_x, A_y, A_z),$$
$$\boldsymbol{B} = B_x\boldsymbol{i} + B_y\boldsymbol{j} + B_z\boldsymbol{k} = (B_x, B_y, B_z)$$

と表すことにする．このとき

$$\boldsymbol{A}\cdot\boldsymbol{B} = A_xB_x + A_yB_y + A_zB_z \tag{A.1}$$

を，ベクトル $\boldsymbol{A}$ と $\boldsymbol{B}$ の**スカラー積**，または**内積**と呼ぶ．ベクトル $\boldsymbol{A}$, $\boldsymbol{B}$ を xy 平面上にとって

$$\begin{aligned}\boldsymbol{A} &= |\boldsymbol{A}|(\cos\theta_{\mathrm{A}}, \sin\theta_{\mathrm{A}}, 0),\\ \boldsymbol{B} &= |\boldsymbol{B}|(\cos\theta_{\mathrm{B}}, \sin\theta_{\mathrm{B}}, 0)\end{aligned} \tag{A.2}$$

とおくと

$$\boldsymbol{A}\cdot\boldsymbol{B} = |\boldsymbol{A}|\,|\boldsymbol{B}|\cos\theta$$

となる．ここで $\theta = \theta_{\mathrm{B}} - \theta_{\mathrm{A}}$ はベクトル $\boldsymbol{A}$ と $\boldsymbol{B}$ のなす角である．また，$|\boldsymbol{B}|\cos\theta$ はベクトル $\boldsymbol{B}$ の $\boldsymbol{A}$ 方向の成分になっており，$\boldsymbol{A}$ が単位ベクトルであれば，ベクトルのスカラー積はその方向の成分を取り出す演算といえる．

ベクトル $\boldsymbol{A}$ と $\boldsymbol{B}$ が与えられたとき

$$\boldsymbol{A}\times\boldsymbol{B}=(A_yB_z-A_zB_y)\boldsymbol{i}+(A_zB_x-A_xB_z)\boldsymbol{j}+(A_xB_y-A_yB_x)\boldsymbol{k} \tag{A.3}$$

で定義されるベクトルをベクトル $\boldsymbol{A}$ と $\boldsymbol{B}$ の**ベクトル積**，または**外積**と呼ぶ．再びベクトル $\boldsymbol{A}$, $\boldsymbol{B}$ を xy 平面上にとって，式 (A.2) とおくと

$$\boldsymbol{A}\times\boldsymbol{B}=|\boldsymbol{A}|\,|\boldsymbol{B}|\sin\theta\ (0,0,1)$$

を得る．したがって，ベクトル $\boldsymbol{A}\times\boldsymbol{B}$ はベクトル $\boldsymbol{A}$, $\boldsymbol{B}$ に垂直で，その大きさは $\boldsymbol{A}$, $\boldsymbol{B}$ がつくる平行四辺形の面積に等しい．また，ベクトル $\boldsymbol{A}$, $\boldsymbol{B}$, $\boldsymbol{C}$ に対して，一般的な公式

$$\boldsymbol{A}\cdot(\boldsymbol{B}\times\boldsymbol{C})=\boldsymbol{B}\cdot(\boldsymbol{C}\times\boldsymbol{A})=\boldsymbol{C}\cdot(\boldsymbol{A}\times\boldsymbol{B}) \tag{A.4}$$

$$\boldsymbol{A}\times(\boldsymbol{B}\times\boldsymbol{C})=\boldsymbol{B}(\boldsymbol{A}\cdot\boldsymbol{C})-\boldsymbol{C}(\boldsymbol{A}\cdot\boldsymbol{B}) \tag{A.5}$$

が成り立つ．

x, y, z を空間に固定した直交座標（デカルト座標）としたとき

$$\nabla=\left(\frac{\partial}{\partial x},\frac{\partial}{\partial y},\frac{\partial}{\partial z}\right) \tag{A.6}$$

のベクトルの微分演算子を定義する．これを**ナブラ**と呼ぶ．この演算子をスカラーの関数 $f(x,y,z)$ に作用させたとき

$$\nabla f=\left(\frac{\partial f}{\partial x},\frac{\partial f}{\partial y},\frac{\partial f}{\partial z}\right)$$

は $f(x,y,z)$ の**勾配**を表し，$\mathrm{grad}\,f$ とも表記される．また，ベクトル関数 $\boldsymbol{A}(x,y,z)=(A_x,A_y,A_z)$ に対して，∇ との内積をとれば

$$\nabla\cdot\boldsymbol{A}=\frac{\partial A_x}{\partial x}+\frac{\partial A_y}{\partial y}+\frac{\partial A_z}{\partial z}$$

はベクトル $\boldsymbol{A}$ の**発散**を表し，$\mathrm{div}\,\boldsymbol{A}$ とも表記される．また，∇ と $\boldsymbol{A}(x,y,z)$ との外積を考えると

$$\nabla\times\boldsymbol{A}=\left(\frac{\partial A_z}{\partial y}-\frac{\partial A_y}{\partial z},\frac{\partial A_x}{\partial z}-\frac{\partial A_z}{\partial x},\frac{\partial A_y}{\partial x}-\frac{\partial A_x}{\partial y}\right)$$

はベクトル $\boldsymbol{A}$ の**回転**を表し，$\mathrm{rot}\,\boldsymbol{A}$（または $\mathrm{curl}\,\boldsymbol{A}$）とも表記される．

A.2　行列と行列式

行列と行列式に関する事柄は，大学の初年次に線形代数として扱われる項目であるが，ここでは数学的な厳密さは避けて，必要な事柄だけをまとめておくことにする．

行列とその演算

自然数 M, N に対して，MN 個の実数（または複素数）a_{ij} $(i=1,2,\ldots,M,\ j=1,2,\ldots N)$ を，縦に M 個，横に N 個並べたものを M 行 N 列（または簡単に $M\times N$）の**行列**と呼び

$$\widehat{A}=\begin{pmatrix} a_{11} & a_{12} & \cdots & a_{1N} \\ a_{21} & a_{22} & \cdots & a_{2N} \\ \vdots & \vdots & & \vdots \\ a_{M1} & a_{M2} & \cdots & a_{MN} \end{pmatrix} \tag{A.7}$$

と表す．行列を構成する MN 個の数を行列の**成分**と呼び，特に a_{ij} を行列の (ij) 成分と呼ぶ．また，$i=j$ の成分は**対角成分**，$i\neq j$ の成分は**非対角成分**と呼ばれる．行列で，横に並んだ列を行（row），縦に並んだ列を列（column）と呼び，$1\times N$，または $M\times 1$ の行列

$$\widehat{A}=\begin{pmatrix} a_{11} & a_{12} & \cdots & a_{1N} \end{pmatrix},\quad \widehat{A}=\begin{pmatrix} a_{11} \\ a_{21} \\ \vdots \\ a_{M1} \end{pmatrix}$$

は**行ベクトル**（**横ベクトル**），**列ベクトル**（**縦ベクトル**）と呼ばれる．また，行列 $\widehat{A}$ の非対角成分を入れ換えた

$$\widehat{A}^{\mathrm{t}}=\begin{pmatrix} a_{11} & a_{21} & \cdots & a_{M1} \\ a_{12} & a_{22} & \cdots & a_{M2} \\ \vdots & \vdots & & \vdots \\ a_{1N} & a_{2N} & \cdots & a_{MN} \end{pmatrix}$$

を，行列 $\widehat{A}$ の**転置行列**と呼ぶ．成分を持つ行列やベクトルに対して，1 つの数値で表される量を**スカラー**という．

2 つの $M\times N$ 行列 $\widehat{A}, \widehat{B}$ を

$$\widehat{A}=\begin{pmatrix} a_{11} & a_{12} & \cdots & a_{1N} \\ a_{21} & a_{22} & \cdots & a_{2N} \\ \vdots & \vdots & & \vdots \\ a_{M1} & a_{M2} & \cdots & a_{MN} \end{pmatrix},\quad \widehat{B}=\begin{pmatrix} b_{11} & b_{12} & \cdots & b_{1N} \\ b_{21} & b_{22} & \cdots & b_{2N} \\ \vdots & \vdots & & \vdots \\ b_{M1} & b_{M2} & \cdots & b_{MN} \end{pmatrix}$$

とおいたとき，行列 $\widehat{A}$ と $\widehat{B}$ の和は各成分同士の和を成分とする行列として

$$\widehat{A}+\widehat{B}=\begin{pmatrix} a_{11}+b_{11} & a_{12}+b_{12} & \cdots & a_{1N}+b_{1N} \\ a_{21}+b_{21} & a_{22}+b_{22} & \cdots & a_{2N}+b_{2N} \\ \vdots & \vdots & & \vdots \\ a_{M1}+b_{M1} & a_{M2}+b_{M2} & \cdots & a_{MN}+b_{MN} \end{pmatrix}$$

と与えられる．また，行列 $\widehat{A}$ にスカラー c をかけるとは

$$c\widehat{A} = \begin{pmatrix} ca_{11} & ca_{12} & \cdots & ca_{1N} \\ ca_{21} & ca_{22} & \cdots & ca_{2N} \\ \vdots & \vdots & & \vdots \\ ca_{M1} & ca_{M2} & \cdots & ca_{MN} \end{pmatrix}$$

のように行列の各成分を c 倍することを意味する．一方，$\widehat{A}$ を $L \times M$ 行列，$\widehat{B}$ を $M \times N$ 行列とすると，$L \times N$ 行列として 2 つの行列の積が定義される．すなわち

$$\widehat{A} = \begin{pmatrix} a_{11} & a_{12} & \cdots & a_{1M} \\ a_{21} & a_{22} & \cdots & a_{2M} \\ \vdots & \vdots & & \vdots \\ a_{L1} & a_{L2} & \cdots & a_{LM} \end{pmatrix}, \quad \widehat{B} = \begin{pmatrix} b_{11} & b_{12} & \cdots & b_{1N} \\ b_{21} & b_{22} & \cdots & b_{2N} \\ \vdots & \vdots & & \vdots \\ b_{M1} & b_{M2} & \cdots & b_{MN} \end{pmatrix}$$

に対して

$$\widehat{C} = \widehat{A}\widehat{B} = \begin{pmatrix} c_{11} & c_{12} & \cdots & c_{1N} \\ c_{21} & c_{22} & \cdots & c_{2N} \\ \vdots & \vdots & & \vdots \\ c_{L1} & c_{L2} & \cdots & c_{LN} \end{pmatrix}$$

とおけば，$\widehat{C}$ の (ik) 成分は

$$c_{ik} = \sum_{j=1}^{M} a_{ij} b_{jk}$$

と与えられる．$\widehat{A}, \widehat{B}$ を $N \times 1$ 行列（列ベクトル，成分は a_{i1}, b_{i1}（$i = 1, 2, \ldots, N$））とすると，$\widehat{A}$ の転置 $\widehat{A}^{\mathrm{t}}$ は $1 \times N$ 行列（行ベクトル）を表し

$$\widehat{A}^{\mathrm{t}}\widehat{B} = \sum_{i=1}^{N} a_{i1} b_{i1}$$

は 2 つのベクトルの内積を表す．

正方行列，単位行列，逆行列

行列の行と列の数が等しいとき $(M = N)$，この行列を N 次の**正方行列**と呼ぶ．また，N 次の正方行列で対角成分が 1，非対角成分が 0 の行列を**単位行列**と呼び

$$\widehat{E} = \begin{pmatrix} 1 & 0 & \cdots & 0 \\ 0 & 1 & \ddots & \vdots \\ \vdots & \ddots & \ddots & 0 \\ 0 & \cdots & 0 & 1 \end{pmatrix}$$

と書く．単位行列は任意の N 次正方行列 $\widehat{A}$ に対して

$$\widehat{A}\widehat{E} = \widehat{E}\widehat{A} = \widehat{A}$$

を満たす．また

$$\widehat{A}\widehat{X} = \widehat{X}\widehat{A} = \widehat{E}$$

を満たす行列 $\widehat{X}$ が存在するとき，$\widehat{A}$ は正則行列であるという．このとき，$\widehat{X}$ を $\widehat{A}$ の**逆行列**と呼び，$\widehat{X} = \widehat{A}^{-1}$ と表記する．

x_i（$i = 1, 2, \ldots, N$）を未知数とする連立方程式

$$\begin{aligned} a_{11}x_1 + a_{12}x_2 + \cdots + a_{1N}x_N &= b_1 \\ a_{21}x_1 + a_{22}x_2 + \cdots + a_{2N}x_N &= b_2 \\ &\vdots \\ a_{N1}x_1 + a_{N2}x_2 + \cdots + a_{NN}x_N &= b_N \end{aligned} \tag{A.8}$$

は

$$\widehat{A} = \begin{pmatrix} a_{11} & a_{12} & \cdots & a_{1N} \\ a_{21} & a_{22} & \cdots & a_{2N} \\ \vdots & \vdots & & \vdots \\ a_{N1} & a_{N2} & \cdots & a_{NN} \end{pmatrix}, \quad \boldsymbol{x} = \begin{pmatrix} x_1 \\ x_2 \\ \vdots \\ x_N \end{pmatrix}, \quad \boldsymbol{b} = \begin{pmatrix} b_1 \\ b_2 \\ \vdots \\ b_N \end{pmatrix}$$

で定義される正方行列 $\widehat{A}$ と列ベクトル $\boldsymbol{x}, \boldsymbol{b}$ を使って

$$\widehat{A}\boldsymbol{x} = \boldsymbol{b}$$

と表される．そこでこの連立方程式 (A.8) の解は，$\widehat{A}$ の逆行列を使って $\boldsymbol{x} = \widehat{A}^{-1}\boldsymbol{b}$ と表される．したがって，連立方程式 (A.8) が解を持つためには，係数がつくる行列 $\widehat{A}$ が正則行列でなければならない．

行列式

1 から N の数字を適当に並べ換えて得られる数字の列を $i_1, i_2, \ldots {}_{1N}$ と書いたとき，この並べ換えを**置換**と呼び，$P(j) = i_j$ と表すことにする．すなわち，並べ換えた数字の列の 1 番目の数字は i_1，2 番目の数字は i_2，j 番目の数字は i_j である．この並べ換えは，2 つの数字の相互の入れ換え（**互換**）を繰り返すことにより作り出すことができる．例えば，$(1, 2, 3)$ から $(2, 3, 1)$ への並べ換えは

$$(1, 2, 3) \to (2, 1, 3) \to (2, 3, 1)$$

のように，始めに 1 番目と 2 番目を入れ換え，次に 2 番目と 3 番目を入れ換える操作で作り出すことができる．一般に，$(1, 2, \ldots, N)$ から $(i_1, i_2, \ldots, i_N)$ への並べ換えに必要な互換の操作の仕方は様々であるが，その回数が偶数であるか奇数であるかはそのやり方に依らない．そこで，偶数回の互換により作られる置換を**偶置換**と呼び

$\mathrm{sgn}(P) = 1$ を与え，奇数回の置換により作られる置換を**奇置換**と呼び，$\mathrm{sgn}(P) = -1$ を与えることにする．

N 次元正方行列の要素 a_{ij} に対して，置換の偶奇による符号 $\mathrm{sgn}(P)$ を使って

$$|\widehat{A}| = \sum_P \mathrm{sgn}(P) a_{1P(1)} a_{2P(2)} \cdots a_{NP(N)} \tag{A.9}$$

を定義して，これを $\widehat{A}$ に対する**行列式**と呼ぶ．ここで右辺の総和は N 個の数字の並べ換え（置換）のすべて（$N!$ 通り）にわたってとるものとする．例えば，$N = 2$ の場合は

$$\begin{vmatrix} a_{11} & a_{12} \\ a_{21} & a_{22} \end{vmatrix} = a_{11}a_{22} - a_{12}a_{21}$$

$N = 3$ の場合は

$$\begin{vmatrix} a_{11} & a_{12} & a_{13} \\ a_{21} & a_{22} & a_{23} \\ a_{31} & a_{32} & a_{33} \end{vmatrix} = a_{11}a_{22}a_{33} + a_{12}a_{23}a_{31} + a_{13}a_{21}a_{32}$$
$$- a_{12}a_{21}a_{33} - a_{13}a_{22}a_{31} - a_{11}a_{23}a_{32}$$

と与えられる．行列式は $\det|\widehat{A}|$ と書かれることも多い．行列式の定義にしたがえば，行列の任意の 2 つの行または列を入れ換えた行列に対する行列式は，元の行列の行列式の符号を変えたものとなる．これより，2 つの行あるいは列が同じ行列に対する行列式は常に 0 となる．

N 次の正方行列から第 i 行と第 j 列を除いて得られる $N-1$ 次の正方行列に対する行列式に $(-1)^{i+j}$ をかけたものを $\overline{a}_{ij}$ とおいて，$\widehat{A}$ の (ij) **余因子**と呼ぶ．これに対して

$$|\widehat{A}| = \sum_{i=1}^{N} a_{ik}\overline{a}_{ik} = \sum_{j=1}^{N} a_{kj}\overline{a}_{kj}$$

が成り立つ（$k = 1, \ldots, N$）．これより，$\widehat{A}$ の逆行列は余因子を用いて

$$(\widehat{A}^{-1})_{ij} = \frac{1}{|\widehat{A}|}\overline{a}_{ji}$$

と表される．したがって，もし正方行列 $\widehat{A}$ に対して行列式が 0 であれば，逆行列は存在しない．すなわち，正方行列 $\widehat{A}$ が逆行列を持つ（正則行列である）ためには $|\widehat{A}| \neq 0$ が満たされなければならない．

行列の固有値・固有ベクトル

N 次の正方行列 $\widehat{A}$ に N 次の列ベクトル $\boldsymbol{x}$ をかけた結果が，$\boldsymbol{x}$ のスカラー倍である場合，すなわち

$$\widehat{A}\boldsymbol{x} = \lambda\boldsymbol{x} \tag{A.10}$$

が満たされるとき，$\boldsymbol{x}$ を行列 $\widehat{A}$ の**固有ベクトル**，定数 λ を**固有値**と呼ぶ．式 (A.10) を

$$(\widehat{A} - \lambda\widehat{E})\boldsymbol{x} = \boldsymbol{0}$$

と書き換える．ここで，右辺はすべての成分が 0 の零ベクトルである．これを $\boldsymbol{x}$ の各成分に対する連立方程式とみなすと，係数行列 $\widehat{A} - \lambda\widehat{E}$ に逆行列が存在すれば

$$\boldsymbol{x} = (\widehat{A} - \lambda\widehat{E})^{-1}\boldsymbol{0} = \boldsymbol{0}$$

となり，意味のある解は得られない．固有ベクトルとして意味のある解 $\boldsymbol{x} \neq \boldsymbol{0}$ を得るには

$$|\widehat{A} - \lambda\widehat{E}| = 0 \tag{A.11}$$

でなければならない．これを固有値に対する**特性方程式**と呼ぶ．特性方程式は λ について N 次の代数方程式となるので，固有値としては N 通りの値が許される．物理の問題ではしばしば，成分がすべて実数で $a_{ij} = a_{ji}$ の条件を満たす行列（実対称行列）$\widehat{A}$ が対象となるが，この場合は固有値はすべて実数で，異なる固有値に対する固有ベクトルは直交する．

A.3 テンソル

テンソルの定義

ここでは簡単のために，本書で問題にしている正規直交基底のもとで考える場合に限っておこう．本来は座標のとり方によらない性質が重要なのであり，その観点からはここで行うように“正規直交基底”のもとでの議論はあまりに限定的すぎるという批判は十分あり得る．しかし，一般論になじみの薄い読者が多数であることを想定し，また本書での議論の範囲に対して必要十分であることを考え，このようにする．弾性論や流体力学あるいは相対性理論により関心の高い読者は，別の専門書によってこれらをカバーされることを期待したい．

2 つのベクトル $\boldsymbol{u}$, $\boldsymbol{v}$ に対して 1 つの実数を対応させる関数 $\boldsymbol{T}(\boldsymbol{u},\boldsymbol{v})$ が以下の性質を満たすとき，$\boldsymbol{T}$ を 2 階の**テンソル**という．

$$\begin{aligned} &\boldsymbol{T}(\boldsymbol{u}+\boldsymbol{v},\boldsymbol{w}) = \boldsymbol{T}(\boldsymbol{u},\boldsymbol{w}) + \boldsymbol{T}(\boldsymbol{v},\boldsymbol{w}),\\ &\boldsymbol{T}(k\boldsymbol{u},\boldsymbol{v}) = k\boldsymbol{T}(\boldsymbol{u},\boldsymbol{v}) \end{aligned} \tag{A.12}$$

$$\begin{aligned} &\boldsymbol{T}(\boldsymbol{u},\boldsymbol{v}+\boldsymbol{w}) = \boldsymbol{T}(\boldsymbol{u},\boldsymbol{v}) + \boldsymbol{T}(\boldsymbol{u},\boldsymbol{w}),\\ &\boldsymbol{T}(\boldsymbol{u},k\boldsymbol{v}) = k\boldsymbol{T}(\boldsymbol{u},\boldsymbol{v}) \end{aligned} \tag{A.13}$$

ただし，k はスカラーである．この性質 (A.12), (A.13) を**双線形性**という．

3 次元空間の正規直交基底 $\boldsymbol{e}_1$, $\boldsymbol{e}_2$, $\boldsymbol{e}_3$ に対して

$$\boldsymbol{T}(\boldsymbol{e}_i, \boldsymbol{e}_j) = T_{ij} \tag{A.14}$$

と書こう．このような記法を用いれば，任意の 2 つのベクトル

$$\boldsymbol{u} = \sum_{i=1}^{3} u_i \boldsymbol{e}_i, \quad \boldsymbol{v} = \sum_{i=1}^{3} v_i \boldsymbol{e}_i$$

に対しては

$$\boldsymbol{T}(\boldsymbol{u}, \boldsymbol{v}) = \sum_{i=1}^{3} \sum_{j=1}^{3} T_{ij} u_i v_j \tag{A.15}$$

と書くことができることは，容易に示すことができる．

ここで述べたことと同様に，p 階テンソル $\boldsymbol{T}(\boldsymbol{u}_1, \boldsymbol{u}_2, \ldots, \boldsymbol{u}_p)$ は多線形性

$$\begin{aligned}\boldsymbol{T}(\boldsymbol{u}_1, \boldsymbol{u}_2, \ldots, \boldsymbol{u}_r + \boldsymbol{u}'_r, \ldots, \boldsymbol{u}_p) &= \boldsymbol{T}(\boldsymbol{u}_1, \boldsymbol{u}_2, \ldots, \boldsymbol{u}_r, \ldots, \boldsymbol{u}_p) \\ &\quad + \boldsymbol{T}(\boldsymbol{u}_1, \boldsymbol{u}_2, \ldots, \boldsymbol{u}'_r, \ldots, \boldsymbol{u}_p)\end{aligned} \tag{A.16}$$

$$\boldsymbol{T}(\boldsymbol{u}_1, \boldsymbol{u}_2, \ldots, k\boldsymbol{u}_r, \ldots, \boldsymbol{u}_p) = k\boldsymbol{T}(\boldsymbol{u}_1, \boldsymbol{u}_2, \ldots, \boldsymbol{u}_r, \ldots, \boldsymbol{u}_p) \tag{A.17}$$

により定義される．

1 次変換と 2 階テンソル

ベクトル $\boldsymbol{v}$ から $\widetilde{\boldsymbol{v}}$ への 1 次変換（行列）$\boldsymbol{S}$ を次のように定義しよう．

$$\widetilde{\boldsymbol{v}} = \boldsymbol{S}\boldsymbol{v} \tag{A.18}$$

このとき $\boldsymbol{u}^{\mathrm{t}}\boldsymbol{S}\boldsymbol{v}$ が双線形性を持つことは容易に示すことができる．ここで，$\boldsymbol{u}^{\mathrm{t}}$ は列ベクトル $\boldsymbol{u}$ の転置（行ベクトル）を表す．さらに

$$\boldsymbol{e}_i^{\mathrm{t}}\boldsymbol{S}\boldsymbol{e}_j = S_{ij} \tag{A.19}$$

である．したがって

$$\boldsymbol{S}(\boldsymbol{u}, \boldsymbol{v}) = \boldsymbol{u}^{\mathrm{t}}\boldsymbol{S}\boldsymbol{v} \tag{A.20}$$

と書くことができ，これは 2 階テンソルである．式（A.15）の成分 T_{ij} を並べて

$$\boldsymbol{T} = \begin{pmatrix} T_{11} & T_{12} & T_{13} \\ T_{21} & T_{22} & T_{23} \\ T_{31} & T_{32} & T_{33} \end{pmatrix} \tag{A.21}$$

と書けば，この行列が $\boldsymbol{S}$ である．言い換えれば，テンソルの成分 T_{ij} は定数倍を除いて 1 次変換行列の成分と一致する．

正規直交基底ベクトルの変換に対するテンソル成分の変換

基底ベクトル $\{\boldsymbol{e}_i\}$ が次のように基底ベクトル $\{\boldsymbol{e}'_i\}$ に変換されるとしよう．

$$\boldsymbol{e}'_j = \sum_k a_{jk}\boldsymbol{e}_k \tag{A.22}$$

新しいプライム付きの基底でのテンソル成分を

$$\boldsymbol{T}(\boldsymbol{e}'_i, \boldsymbol{e}'_j) = T'_{ij} \tag{A.23}$$

と書けば

$$\boldsymbol{T}(\boldsymbol{e}'_i, \boldsymbol{e}'_j) = \boldsymbol{T}\left(\sum_k a_{ik}\,\boldsymbol{e}_k, \sum_l a_{jl}\,\boldsymbol{e}_l\right) = \sum_{k=1}^{3}\sum_{l=1}^{3} a_{ik}\,a_{jl}\,T_{kl} \tag{A.24}$$

である．書き直して

$$T'_{ij} = \sum_{k=1}^{3}\sum_{l=1}^{3} a_{ik}\,a_{jl}\,T_{kl} \tag{A.25}$$

を得る．これが基底変換に対する 2 階テンソルの変換則である．

本書では高階テンソルも現れたが，それらに関しても同様である．例えば，3 階テンソル成分 $T_{ijk} = \boldsymbol{T}(\boldsymbol{e}_i, \boldsymbol{e}_j, \boldsymbol{e}_k)$ についての変換則は

$$T'_{ijk} = \sum_{l=1}^{3}\sum_{m=1}^{3}\sum_{n=1}^{3} a_{il}\,a_{jm}\,a_{kn}\,T_{lmn} \tag{A.26}$$

となる．

A.4 偏　微　分

物理では，様々なところで偏微分という概念が現れる．一般に物理量は複数の変数に依存している．例えば，力の場 $\boldsymbol{F}$ は時刻 t と空間の座標 $\boldsymbol{r}$ の関数であるベクトルである．また，保存力 $\boldsymbol{F}$ に対するポテンシャル $V(\boldsymbol{r}, t)$ は時刻 t と座標 $\boldsymbol{r}$ を定めればその値が定まるスカラー関数である．これら物理量は特別の点を除けば座標 $\boldsymbol{r}$ と時刻 t の滑らかな連続関数であり，それらについて以下のように微分を定義することができる．

2 つ以上の変数 $(x, y, \cdots)$ の関数 f について，他の変数は固定してただ 1 つの変数（例えば x）に関する“変化率”を定義できるとき，これを**偏微分**という．x, y 2 つの変数により値が定まる関数 $f(x, y)$ について具体的に考えてみよう．ある領域内の各点 (x, y) で

$$\frac{\partial f(x,y)}{\partial x} = \lim_{\Delta x \to 0}\frac{f(x+\Delta x, y) - f(x,y)}{\Delta x} \equiv f_x(x,y) \tag{A.27}$$

$$\frac{\partial f(x,y)}{\partial y} = \lim_{\Delta y \to 0}\frac{f(x, y+\Delta y) - f(x,y)}{\Delta y} \equiv f_y(x,y) \tag{A.28}$$

が“一意的”に定まるとき，これらをそれぞれ x または y による**偏微分係数**，または**偏導関数**という．偏微分の場合には通常の 1 変数の微分と区別して記号としては ∂ を用いる．これらの偏微分係数は x, y の関数である．高階の偏微分についても同様である．

x と y をともに微小変化させて $x+dx$, $y+dy$ としたときの連続関数 $f(x,y)$ の増分を df と書くと

$$df = f(x+dx, y+dy) - f(x,y) \tag{A.29}$$

である．これは書き直すと

$$df = f(x+dx, y+dy) - f(x, y+dy) + f(x, y+dy) - f(x,y)$$

であるから，f が x, y について微分可能であれば

$$\begin{aligned} df &= \left\{f_x(x, y+dy) + \varepsilon_1\right\} dx + \left\{f_y(x,y) + \varepsilon_2\right\} dy \\ &= f_x(x, y+dy)\, dx + f_y(x,y)\, dy + \varepsilon_1\, dx + \varepsilon_2\, dy \end{aligned} \tag{A.30}$$

となる．ここで f_x, f_y の連続性を仮定すれば，すなわち点 (x,y) の近傍で偏導関数が存在して連続ならば，dx, dy を 0 に近づけたときに ε_1, ε_2 もともに 0 に近づく．このとき，$f(x,y)$ は（全）微分可能であるといい，1 次の微小量

$$df = f_x\, dx + f_y\, dy \tag{A.31}$$

を**全微分**という．

さらに 2 階の偏微分については，ある領域で f_{xy}, f_{yx} が連続であるならば，その領域内で $f_{xy} = f_{yx}$ となる．詳しくは数学の参考書を参照してほしい．

B　相対論的力学の基礎

B.1　ローレンツ変換

慣性系 S に対して一定の速度 $(V,0,0)$ で運動する座標系 S$'$ で物体の運動を観測するとき，物体の位置座標はガリレイ変換により関連付けられる．すなわち，慣性系 S における空間座標 (x,y,z) と座標系 S$'$ における空間座標 (x',y',z') は

$$x' = x - Vt, \quad y' = y, \quad z' = z, \quad t' = t \tag{B.1}$$

と関連付けられて，力学法則はいずれの座標系においても同じように成り立つ．ここで，それぞれの座標系における時間座標は共通であるが，あえて t, t' と書くことにした．一方，古典電磁気学によれば光（電磁波）の伝播を表す波動方程式は

$$\frac{\partial^2 \boldsymbol{E}}{\partial x^2} + \frac{\partial^2 \boldsymbol{E}}{\partial y^2} + \frac{\partial^2 \boldsymbol{E}}{\partial z^2} = \frac{1}{c^2} \frac{\partial^2 \boldsymbol{E}}{\partial t^2}$$

と与えられる（c は光速度で，3.00×10^8 m/s．$\boldsymbol{E}$ は電場を表す）．ガリレイ変換 (B.1) によれば

$$\frac{\partial}{\partial x} = \frac{\partial x'}{\partial x} \frac{\partial}{\partial x'} + \frac{\partial t'}{\partial x} \frac{\partial}{\partial t'} = \frac{\partial}{\partial x'}$$
$$\frac{\partial}{\partial t} = \frac{\partial x'}{\partial t} \frac{\partial}{\partial x'} + \frac{\partial t'}{\partial t} \frac{\partial}{\partial t'} = -V \frac{\partial}{\partial x'} + \frac{\partial}{\partial t'}$$

であるので，波動方程式は明らかにこの座標変換により変更を受ける．アインシュタインは光の伝播のような現象は，すべての慣性系において同じように記述されるはずであると考えた．そこで，波動方程式が座標系の取り方に依らずに成り立つためには，S 系と S′ 系で時間座標を共通のものと考えることはできなくて

$$x' = \frac{x - Vt}{\sqrt{1 - \beta^2}}, \quad y' = y, \quad z' = z, \quad t' = \frac{t - \frac{V}{c^2} x}{\sqrt{1 - \beta^2}} \tag{B.2}$$

と考えなければならない．ここで，$\beta = V/c$ である．このような時間を含む座標変換を**ローレンツ**（Lorentz）**変換**と呼ぶ．ここで，V が光速度に比べて十分に遅い場合（$\beta \ll 1$）はローレンツ変換はガリレイ変換に帰着する．また，ローレンツ変換 (B.2) によれば

$$\frac{\partial}{\partial x} = \frac{1}{\sqrt{1 - \beta^2}} \left(\frac{\partial}{\partial x'} - \frac{V}{c^2} \frac{\partial}{\partial t'} \right)$$
$$\frac{\partial}{\partial t} = \frac{1}{\sqrt{1 - \beta^2}} \left(-V \frac{\partial}{\partial x'} + \frac{\partial}{\partial t'} \right)$$

であるので，波動方程式は不変に保たれる．

式 (B.2) の変換を逆に解けば

$$x = \frac{x' + Vt'}{\sqrt{1 - \beta^2}}, \quad y = y', \quad z = z', \quad t = \frac{t' + \frac{V}{c^2} x'}{\sqrt{1 - \beta^2}} \tag{B.3}$$

を得る．S 系は S′ 系に対して速度 $(-V, 0, 0)$ で動いているので，当然の結果である．いま，S 系で測ると $\ell = x_1 - x_2$ の距離は，S′ 系で測ると

$$\begin{aligned} x_1 - x_2 &= \frac{1}{\sqrt{1 - \beta^2}} \left\{ (x_1' + Vt') - (x_2' + Vt') \right\} \\ &= \frac{1}{\sqrt{1 - \beta^2}} (x_1' - x_2') \end{aligned}$$

より

$$x'_1 - x'_2 = \sqrt{1-\beta^2}\,\ell < \ell$$

のように距離が縮んで観測されることがわかる（ローレンツ収縮）．ここで，S′ 系での測定は同じ時刻 t' で行われることに注意して，式 (B.3) を用いた．一方，S 系の点 x において測った時間 $T = t_1 - t_2$ は，S′ 系では

$$t'_1 - t'_2 = \frac{1}{\sqrt{1-\beta^2}}\left\{\left(t_1 - \frac{V}{c^2}x\right) - \left(t_2 - \frac{V}{c^2}x\right)\right\}$$
$$= \frac{1}{\sqrt{1-\beta^2}}(t_1 - t_2)$$

より

$$t'_1 - t'_2 = \frac{T}{\sqrt{1-\beta^2}} > T$$

のように間隔が長く観測されること，すなわち S′ 系ではゆっくりと時間が経過することになる．

ローレンツ変換 (B.2) より

$$x^2 + y^2 + z^2 - c^2t^2 = x'^2 + y'^2 + z'^2 - c^2t'^2 \tag{B.4}$$

の関係が得られる．$t = 0$ に原点 $(x, y, z) = (0, 0, 0)$ から発せられた光が時刻 t に点 (x, y, z) に到達したとすると

$$x^2 + y^2 + z^2 - c^2t^2 = 0 \quad \Rightarrow \quad x'^2 + y'^2 + z'^2 - c^2t'^2 = 0$$

が成り立つことから，S′ 系でこの様子を観測しても光が伝わる速さはやはり c となり，座標系の取り方に依らないことを表している．空間座標と時間座標に虚数単位を付けたもので定義される 4 次元のベクトル

$$(x_\alpha) = (x, y, z, ict)$$

に対して，ローレンツ変換は

$$\begin{pmatrix} x' \\ y' \\ z' \\ ict' \end{pmatrix} = \begin{pmatrix} \frac{1}{\sqrt{1-\beta^2}} & 0 & 0 & \frac{i\beta t}{\sqrt{1-\beta^2}} \\ 0 & 1 & 0 & 0 \\ 0 & 0 & 1 & 0 \\ \frac{-i\beta t}{\sqrt{1-\beta^2}} & 0 & 0 & \frac{1}{\sqrt{1-\beta^2}} \end{pmatrix} \begin{pmatrix} x \\ y \\ z \\ ict \end{pmatrix} \tag{B.5}$$

と表される．ここで形式的に

$$\cos\theta = \frac{1}{\sqrt{1-\beta^2}}, \quad \sin\theta = \frac{i\beta t}{\sqrt{1-\beta^2}}$$

とおけば，ローレンツ変換は空間と時間を合わせた 4 次元空間（**時空**）の回転とみなすことができる．式 (B.4) の関係は，4 次元時空の回転によりベクトルの長さが不変であることに対応している．

時間と空間の点の微小な変化に対しても

$$\Delta x' = \frac{\Delta x - V\Delta t}{\sqrt{1-\beta^2}},$$

$$\Delta y' = \Delta y,$$

$$\Delta z' = \Delta z,$$

$$\Delta t' = \frac{\Delta t - \frac{V}{c^2}\,\Delta x}{\sqrt{1-\beta^2}}$$

が成り立つことより，2 つの座標系で観測される速さの間の関係が

$$v'_x = \frac{\Delta x'}{\Delta t'} = \frac{v_x - V}{1 - \frac{V}{c^2}\,v_x}$$

$$v'_y = \frac{\Delta y'}{\Delta t'} = \frac{\sqrt{1-\beta^2}\,v_y}{1 - \frac{V}{c^2}\,v_x}$$

$$v'_z = \frac{\Delta z'}{\Delta t'} = \frac{\sqrt{1-\beta^2}\,v_z}{1 - \frac{V}{c^2}\,v_x}$$

と与えられる．速度の合成則である．例えば，S 系で光速度 $(c,0,0)$ で運動する物体を S′ 系で観測すると，$v'_x = c$, $v'_y = v'_z = 0$ となり，やはり光速度で運動することが導かれる．

B.2 相対論的運動方程式

ローレンツ変換 (B.2) により波動方程式の不変性は満たされたが，質量が m_0 の物体に対する運動方程式

$$m_0\,\frac{d^2\boldsymbol{r}}{dt^2} = \boldsymbol{F}$$

は変更を受けてしまう．ローレンツ変換に対して不変な力学法則を導くために，ローレンツ変換により変更を受けない“時間”の尺度 τ を導入する．すなわち，τ の微小な変化を空間座標・時間座標の微小な変化を用いて

$$c^2\,d\tau^2 = c^2dt^2 - dx^2 - dy^2 - dz^2$$

と定義する．式 (B.4) より，この量はローレンツ変換により関連付けられるどの座標系を用いても同じ値となる．これより

$$d\tau = \sqrt{1-\beta^2}\,dt \tag{B.6}$$

が得られる．ここで

$$\beta = \frac{v}{c} = \frac{1}{c}\sqrt{\left(\frac{dx}{dt}\right)^2 + \left(\frac{dy}{dt}\right)^2 + \left(\frac{dz}{dt}\right)^2}$$

である．時空の4次元ベクトル（x_α）に対して

$$u_\alpha = \frac{dx_\alpha}{d\tau}$$

を定義すると，これは

$$u_\alpha = \begin{cases} \dfrac{v_\alpha}{\sqrt{1-\beta^2}} & (\alpha = 1, 2, 3) \\ \dfrac{ic}{\sqrt{1-\beta^2}} & (\alpha = 4) \end{cases} \tag{B.7}$$

を表す．ここで

$$\sum_\alpha u_\alpha^2 = \frac{1}{1-\beta^2}(v^2 - c^2) = -c^2$$

である．

この4次元の“速度”（u_α）の時間変化を表す運動方程式を

$$\frac{d}{d\tau}(m_0 u_\alpha) = K_\alpha$$

と仮定する．ここで，m_0 は質点の質量で，右辺の力に相当する K_α は以下のように考えることができる．まず，K_α は式 (B.7) より

$$K_\alpha = \begin{cases} \dfrac{1}{\sqrt{1-\beta^2}}\dfrac{d}{dt}\left(\dfrac{m_0 v_\alpha}{\sqrt{1-\beta^2}}\right) & (\alpha = 1, 2, 3) \\ \dfrac{1}{\sqrt{1-\beta^2}}\dfrac{d}{dt}\left(\dfrac{i m_0 c}{\sqrt{1-\beta^2}}\right) & (\alpha = 4) \end{cases} \tag{B.8}$$

と与えられる．$\alpha = 1, 2, 3$ の空間成分については，$\beta \ll 1$ のときに通常の運動方程式

$$m_0 \frac{dv_\alpha}{dt} = F_\alpha$$

に帰着することを要請すれば

$$\frac{d}{dt}\left(\frac{m_0 v_\alpha}{\sqrt{1-\beta^2}}\right) = K_\alpha\sqrt{1-\beta^2} = F_\alpha \tag{B.9}$$

が得られる．一方，時間成分については

$$\sum_\alpha K_\alpha u_\alpha = \sum_\alpha u_\alpha \frac{d}{d\tau}(m_0 u_\alpha) = \frac{m_0}{2}\frac{d}{d\tau}\left(\sum_\alpha u_\alpha^2\right)$$

であるが，$\sum_\alpha u_\alpha^2 = -c^2$（定数）より

$$K_4 u_4 = -\sum_{i=1,2,3} K_i u_i = -\frac{1}{1-\beta^2}\,\boldsymbol{F}\cdot\boldsymbol{v}$$

が成り立つ．これと，式 (B.7), (B.8) より

$$\frac{d}{dt}\left(\frac{m_0 c^2}{\sqrt{1-\beta^2}}\right) = \boldsymbol{F}\cdot\boldsymbol{v} \tag{B.10}$$

が得られる．ここで，右辺は単位時間当たりに外力 $\boldsymbol{F}$ がする仕事であるので，それがエネルギーとして蓄えられると考えると，力学的エネルギーが

$$E = \frac{m_0 c^2}{\sqrt{1-\beta^2}}$$

と与えられることがわかる．

以上をまとめると

$$m = \frac{m_0}{\sqrt{1-\beta^2}} \tag{B.11}$$

とおいて，相対論的運動方程式および力学的エネルギーは

$$\frac{d}{dt}(m\boldsymbol{v}) = \boldsymbol{F} \tag{B.12}$$

$$E = mc^2 \tag{B.13}$$

と与えられる．ここで，m は速さ $v = |\boldsymbol{v}|$ で運動する物体の実効的な質量を表し，運動する物体の質量は静止している物体の質量 m_0 （**静止質量**と呼ぶ）に比べて重くなると解釈できる．また，力学的エネルギーは $\beta \ll 1$ のときには

$$E \approx m_0 c^2 + \frac{1}{2} m_0 v^2$$

と表されることから，運動する物体の質量の増加は運動エネルギーの増加に対応していることがわかる．力学的エネルギーは運動量 $p = mv$ を用いて

$$E = \sqrt{c^2 p^2 + (m_0 c^2)^2} \tag{B.14}$$

と表すこともできる．

問題略解

第1章

1　放物線状の軌跡を $y = ax^2$（a は定数）とおくと，対称軸に垂直な方向の速度は

$$\frac{dx}{dt} = v \quad （一定）$$

である．放物線の対称軸方向の速度と加速度は

$$\frac{dy}{dt} = 2ax\,\frac{dx}{dt} = 2avx, \quad \frac{d^2y}{dt^2} = 2av\,\frac{dx}{dt} = 2av^2$$

となり，放物線の対称軸方向の加速度は一定であることがわかる．

2　物体の位置座標を (x, y, z) とおくと（鉛直上向きを z 軸の方向にとる），拘束条件は

$$f(x, y) = x^2 + y^2 + z^2 - a^2 = 0$$

と与えられる．式 (1.17) より，拘束力は

$$\boldsymbol{F}_{拘束} = \lambda(2x, 2y, 2z)$$

となる．物体の質量 m，鉛直方向の一定の外力 F_0 を使って，運動方程式は

$$m\ddot{x} = 2\lambda x, \quad m\ddot{y} = 2\lambda y, \quad m\ddot{z} = 2\lambda z + F_0$$

と与えられる．これより

$$\frac{d}{dt}(x\dot{y} - y\dot{x}) = x\ddot{y} - y\ddot{x} = 0$$

が導かれ，$x\dot{y} - y\dot{x}$ は時間に依らず一定の値をとることがわかる．これは角運動量の鉛直方向の成分が保存されることを意味する．一方

$$m(\dot{x}\ddot{x} + \dot{y}\ddot{y} + \dot{z}\ddot{z}) = 2\lambda(x\dot{x} + y\dot{y} + z\dot{z}) + F_0\dot{z}$$

より

$$\frac{m}{2}\,\frac{d}{dt}(\dot{x}^2 + \dot{y}^2 + \dot{z}^2) = \lambda\,\frac{d}{dt}(x^2 + y^2 + z^2) + F_0\,\frac{d}{dt}\,z$$

が成り立つが，$x^2 + y^2 + z^2 = a^2$（一定）であるので右辺の第 1 項は 0 となり

$$\frac{d}{dt}\left\{\frac{1}{2}\,m(\dot{x}^2 + \dot{y}^2 + \dot{z}^2) - F_0 z\right\} = 0$$

が成り立つ．これは，力学的エネルギーが保存されることを表す．

3 時刻 $t=0$ の初速度を v_0，一定の加速度を a とおくと，時刻 t における速度は v_0+at と与えられるので，平均速度は

$$v_1 = \frac{1}{t_1}\int_0^{t_1}(v_0+at)\,dt = v_0+\frac{1}{2}\,at_1,$$
$$v_2 = \frac{1}{t_2}\int_{t_1}^{t_1+t_2}(v_0+at)\,dt = v_0+\frac{1}{2}\,a(2t_1+t_2)$$

となる．これより

$$v_2-v_1=\frac{1}{2}\,a(t_1+t_2)$$

を得る．

4 (1) 物体 A には鉛直下向きに重力 F_1 が，鉛直上向きに糸 AB の張力 T_1 がはたらいて，これらがつりあいの状態

$$F_1=T_1$$

にある．作用・反作用の法則によれば，糸 AB は A 端で鉛直下向きに $F_1=T_1$ の力で引っ張られている．さらに，糸 AB には B 端にこれとつりあう鉛直上向きの力が加わっている．B 端においては，この反作用として物体 B を鉛直下向きに T_1 の力で引っ張っている．物体 B には鉛直下向きに重力 F_2 と，糸 BC の張力 T_2 も鉛直上向きに加わっているため，物体 B についてのつりあいの条件は

$$F_2+T_1=T_2$$

が成り立つ．糸 BC は C 端の固定点を鉛直下向きに $T_2=F_1+F_2$ の力で引っ張ることになる．

(2) 糸 AB, BC の張力を T_1, T_2 と書くと，$T_2=F$ とおける．物体 A, B は糸でつながれて運動するので，その加速度を a とおくと，運動方程式は

$$m_1a=T_1, \quad m_2a=T_2-T_1$$

となり，これより

$$(m_1+m_2)a=F$$

を得る．すなわち，物体 A と B は一体になって力 F を受けて運動する．

第2章

1 運動方程式は

$$m\,\frac{dv_z}{dt}=-mg+bv_z^2$$

と与えられる．ここで，慣性抵抗は鉛直上向きにはたらくことに注意．終端速度は，$dv_z/dt=0$ とおいて

$$v_\infty = -\sqrt{\frac{mg}{b}}$$

と与えられる（鉛直下向き）．これを用いて運動方程式を

$$\frac{dv_z}{v_z^2 - v_\infty^2} = \frac{b}{m}\,dt$$

と変形して，不定積分を計算すれば

$$\frac{1}{2v_\infty}\log\frac{v_z - v_\infty}{v_z + v_\infty} = \frac{b}{m}t + C$$

を得る．鉛直方向の初速度を $v_z(0) = 0$ とすると

$$v_z(t) = v_\infty\,\frac{1 - e^{-2\sqrt{bg/m}\,t}}{1 + e^{-2\sqrt{bg/m}\,t}}$$

を得る．

2　床と天井の中間点から測った物体の位置座標（鉛直上向きを正）を x とおく．上下のバネの長さはそれぞれ $\ell - x$, $\ell + x$ となるので，バネの自然長からの伸びは $\ell - x - \ell_0$, $\ell + x - \ell_0$．したがって，物体に対してそれぞれのバネは，鉛直上向きに $2k(\ell - x - \ell_0)$, 鉛直下向きに $k(\ell + x - \ell_0)$ の力を及ぼす．したがって，物体の運動方程式は

$$\begin{aligned} m\ddot{x} &= -mg + 2k(\ell - x - \ell_0) - k(\ell + x - \ell_0) \\ &= -3kx + k(\ell - \ell_0) - mg \\ &= -3k\left\{x - \frac{mg - k(\ell - \ell_0)}{3k}\right\} \end{aligned}$$

となる．したがって，物体は

$$x = \frac{mg - k(\ell - \ell_0)}{3k}$$

の周りを周期 $2\pi\sqrt{m/3k}$ で単振動する．$mg = k(\ell - \ell_0)$ であれば，つりあいの位置は床と天井の中間点（$x = 0$）となる．

3　物体にはたらく力が常に物体と固定点を結ぶ方向にはたらいているので，中心力と考えてよい．したがって，物体はある時刻における位置座標と速度のベクトルがつくる平面上を動くので，その平面上に x, y 座標をとることにする．運動方程式は

$$m\ddot{x} = -kx, \quad m\ddot{y} = -ky$$

となり，x, y 方向いずれも単振動をすることがわかる．$t = 0$ で $x = a$, $y = 0$, $\dot{x} = 0$, $\dot{y} = v$ の初期条件を仮定すると，運動方程式の解は

$$x = a\cos\omega t, \quad y = \frac{v}{\omega}\sin\omega t$$

となる．ここで，$\omega = \sqrt{k/m}$ である．これより，物体の位置座標は

$$\left(\frac{x}{a}\right)^2 + \left(\frac{y}{v/\omega}\right)^2 = 1$$

の関係を満たし，楕円の軌跡を描くことになる．

4 等速円運動の向心力（4.2 節の式 (4.7)）が地球と人工衛星の間にはたらく重力と考えれば，人工衛星の角速度を ω として

$$mr\omega^2 = \frac{GMm}{r^2} \quad \Rightarrow \quad \omega = \sqrt{\frac{GM}{r^3}}$$

を得る．これは，2.6 節の式 (2.41) で，$r =$ 一定とおくことによっても与えられる（ただし $\dot{\phi} = \omega$）．したがって，人工衛星の周回の周期は

$$T = \frac{2\pi}{\omega} = 2\pi\sqrt{\frac{r^3}{GM}}$$

が得られる．地球の全質量 $M = 6.0 \times 10^{24}$ [kg] と，地球の自転周期 $T \approx 24 \times 3600$ [s] を用いれば，静止衛星の軌道半径は $r = 4.2 \times 10^7$ [m] $= 42000$ [km] と見積られる．

5 力学的エネルギー (2.47) は式 (2.42) を考慮して

$$E = \frac{m}{2}\left(\dot{r}^2 + \frac{L^2}{r^2} - \frac{L^2}{\ell}\frac{2}{r}\right)$$

と表される．式 (2.46) を t で微分して

$$\dot{r} = \frac{e}{\ell}(\sin\phi)\, r^2\dot{\phi} = \frac{e}{\ell}\, L\sin\phi$$

を得るので，これを力学的エネルギーの表式に代入すれば

$$E = \frac{mL^2}{2\ell^2}\left\{e^2\sin^2\phi + \left(\frac{\ell}{r}\right)^2 - 2\,\frac{\ell}{r}\right\}$$

が得られる．これに式 (2.46) を考慮すれば，式 (2.48) が得られる．

6 天体の軌道の極座標表示 (2.46) をデカルト座標で表すと

$$\frac{(e^2-1)^2}{\ell^2}\left(x - \frac{e\ell}{e^2-1}\right)^2 - \frac{e^2-1}{\ell^2}\,y^2 = 1$$

となる（図 1）．軌道の漸近線の傾き $\tan\beta = b/a$ は

$$a = \frac{\ell}{e^2-1}, \quad b = \frac{\ell}{\sqrt{e^2-1}}$$

より

$$\tan\beta = \sqrt{e^2-1}$$

となる．さらに，天体の運動方向の変化は $\theta = \pi - 2\beta$ である．一方，太陽と軌道の漸近線との距離は

$$p = \frac{e\ell}{e^2 - 1}\sin\beta = \frac{\ell}{\sqrt{e^2 - 1}}$$

となる．天体の持つ力学的エネルギーの総和が無限遠方における運動エネルギーに等しいとおいて

$$v_0^2 = \frac{L^2}{\ell^2}(e^2 - 1)$$

が得られる（$L = pv_0$）．以上の関係と $\ell = L^2/GM$ を考慮すれば，与えられた関係が示される．

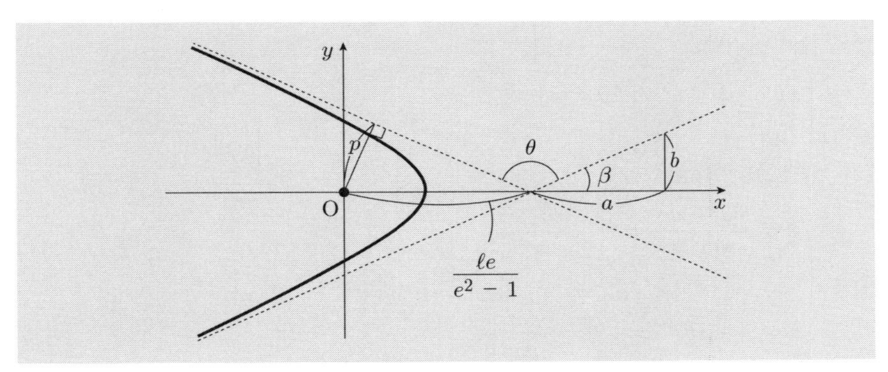

図 1　双曲線軌道とその漸近線.

第3章

1　単振動の位置座標と速度を

$$x = a\cos(\omega t + \alpha), \quad v = \dot{x} = -a\omega\sin(\omega t + \alpha)$$

とすれば（a, α は定数），力学的エネルギーの総和は

$$\frac{1}{2}mv^2 + \frac{1}{2}m\omega^2 x^2 = \frac{1}{2}m\omega^2 a^2\left\{\sin^2(\omega t + \alpha) + \cos^2(\omega t + \alpha)\right\} = \frac{1}{2}m\omega^2 a^2$$

となり，時間に依らず一定となる．また，1 周期にわたる運動エネルギーの平均は

$$\frac{1}{T}\int_0^T \frac{1}{2}mv^2\,dt = \frac{1}{4}m\omega^2 a^2$$

となる．ポテンシャルエネルギーも同様に

$$\frac{1}{T}\int_0^T \frac{1}{2}m\omega^2 x^2\,dt = \frac{1}{4}m\omega^2 a^2$$

より，両者は等しい．

2 (1) 極座標表示で x, y, z 座標は

$$x = a\sin\theta\cos\phi, \quad y = a\sin\theta\sin\phi, \quad z = a\cos\theta$$

と与えられることから

$$\dot{x} = a\cos\theta\cos\phi\,\dot{\theta} - a\sin\theta\sin\phi\,\dot{\phi}$$

などより

$$E = \frac{1}{2}ma^2\left(\dot{\theta}^2 + \sin^2\theta\,\dot{\phi}^2\right) + mga(1-\cos\theta)$$

が得られる．

(2) 前問と同様に

$$x\dot{y} - y\dot{z} = a^2\sin^2\theta\,\dot{\phi} = 一定$$

が得られる．

(3) 角運動量の保存より

$$\dot{\phi} = \frac{\sin^2\theta_0\omega^2}{\sin^2\theta} = \frac{(1-u_0^2)\omega^2}{1-u^2}$$

および

$$\dot{u} = -\sin\theta\,\dot{\theta} \ \Rightarrow\ \dot{\theta} = -\frac{\dot{u}}{\sin\theta}$$

であるので，これを力学的エネルギーの式に代入して整理すると

$$f(u) = \frac{2g}{a}(u-u_0)\left\{u^2 - 1 + \frac{a\omega^2}{2g}(1-u_0^2)(u+u_0)\right\}$$

が得られる．

(4) $a\omega^2u_0/g = 0$ の場合は

$$f(u) = \frac{2g}{a}(u-u_0)(u^2-1)$$

より，$u = u_0, \pm1$ で $f(u) = 0$ となり，$u_0 < u < 1$ で $f(u) < 0$ を与える（図 2 (a)）．したがって，u はこの範囲で往復運動をする．また，$u_0 \neq 0$ ならば $\omega = 0$ であるので，方位角は一定となる．したがって，この場合は鉛直面内を往復運動する振り子の場合に相当する．$0 < a\omega^2u_0/g < 1$ の場合は，$f(\pm1) > 0$ であり，$f(u_1) = 0$ となる u_1 が $u_0 < u_1 < 1$ に存在する（図 2 (b)）．$u_0 < u < u_1$ では $f(u) < 0$ となり，天頂角が $\arccos u_1 < \theta < \theta_0$ の間で大きくなったり小さくなったりしながら，質点は鉛直軸（z 軸）の周りを周回する．特に $a\omega^2u_0/g = 1$ の場合は，$u = u_0$ で $f(u)$ が極小値 0 をとる．この場合は $\dot{u}$ は常に 0 であり，θ は一定値 $\theta_0 = \arccos u_0$ をとる（図 2 (c)）．したがって，質点の運動は一定の角速度 ω で水平面上を回転する円錐振り子の状態となっている．

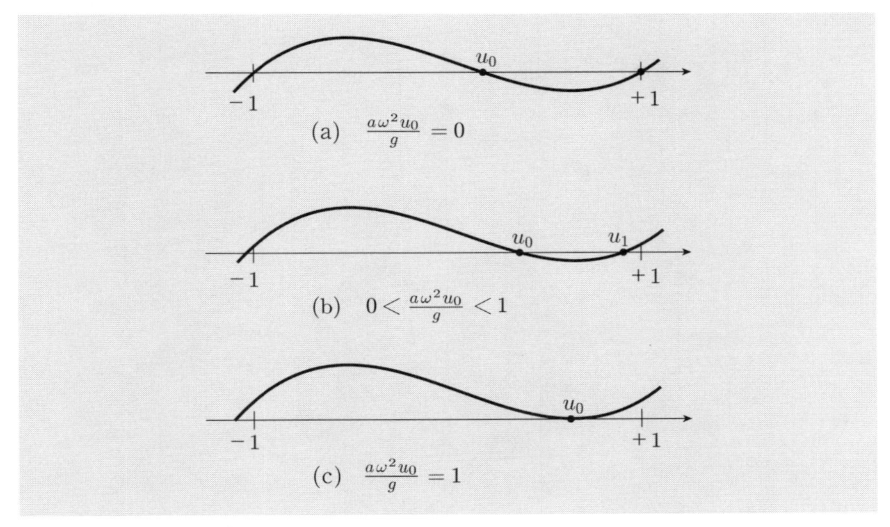

図 2 $a\omega^2 u_0/g$ の値により，$f(u) < 0$ の領域が変化する様子．

3　球の密度を ρ とおくと

$$\rho = \frac{M}{\frac{4\pi}{3}\,a^3}$$

球の中心から r の距離にある微小体積 $r^2\,dr\sin\theta\,d\theta\,d\phi$ から物体までの距離を ℓ とおく（図 3）．この微小体積中の質量が物体の位置に及ぼす万有引力のポテンシャルエネルギー dU は

$$dU = -\frac{G\rho m}{\ell}\,r^2 dr\sin\theta\,d\theta\,d\phi$$

であるので，これを $0 < r < a$, $0 < \theta < \pi$, $0 < \phi < 2\pi$ の間で積分すればよい．ここで

$$\ell = \sqrt{r^2 + x^2 - 2rx\cos\theta}$$

の関係より，積分変数 θ の代わりに ℓ を用いれば

$$\ell\,d\ell = xr\sin\theta\,d\theta$$

を用いて積分が計算できて

$$U = -\frac{GMm}{x}$$

が得られる．したがってポテンシャルエネルギーは，球の中心に全質量 M が置かれているとしたときのものと等しい．

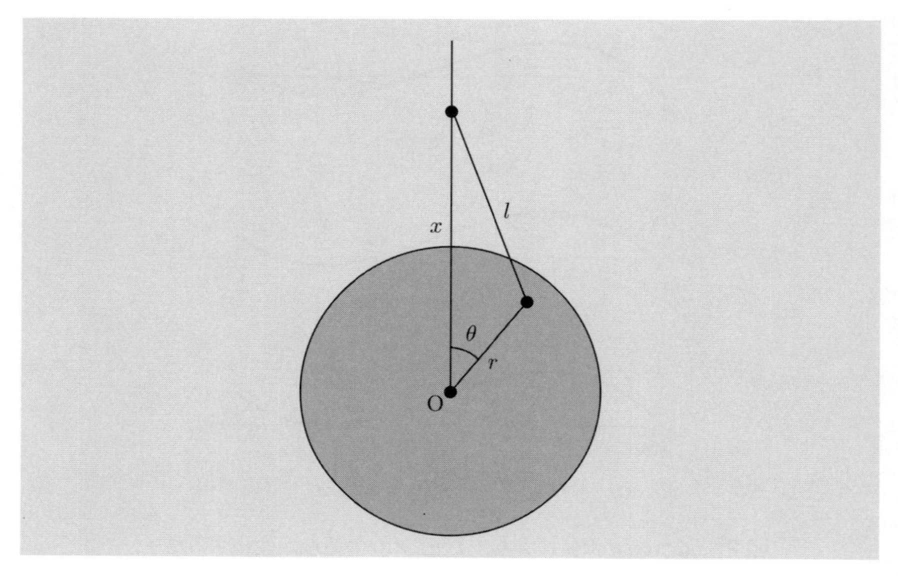

図 3　球内の点と物体の距離.

第4章

1　(1)　衝突後の電子の運動量の光子の入射方向の成分を p_z，それに垂直な方向の成分を p_x と書くと，運動量の保存は

$$\frac{h}{\lambda} = \frac{h}{\lambda'}\cos\theta + p_z,$$

$$0 = \frac{h}{\lambda'}\sin\theta + p_x$$

と表される．これより電子の運動量の大きさは

$$\begin{aligned}|\boldsymbol{p}|^2 &= p_x^2 + p_z^2 \\ &= \left(-\frac{h}{\lambda'}\sin\theta\right)^2 + \left(\frac{h}{\lambda} - \frac{h}{\lambda'}\cos\theta\right)^2 \\ &= \left(\frac{h}{\lambda'} - \frac{h}{\lambda}\right)^2 + 2\,\frac{h^2}{\lambda\lambda'}(1-\cos\theta)\end{aligned}$$

と与えられる．

(2)　散乱の前後におけるエネルギーの保存は

$$\frac{ch}{\lambda} + m_0c^2 = \frac{ch}{\lambda'} + \sqrt{c^2p^2 + (m_0c^2)^2}$$

と表される．これより

$$c^2p^2 + (m_0c^2)^2 = \left(\frac{ch}{\lambda} - \frac{ch}{\lambda'} + m_0c^2\right)^2$$
$$= \left(\frac{ch}{\lambda} - \frac{ch}{\lambda'}\right)^2 + (m_0c^2)^2 + 2\left(\frac{ch}{\lambda} - \frac{ch}{\lambda'}\right)(m_0c^2)$$

が得られ，問題 (1) の結果を考慮すれば

$$\lambda' - \lambda = 2\,\frac{h}{m_0c}\sin^2\frac{\theta}{2}$$

が得られる．電子のコンプトン波長 λ_c は $h/m_0c \approx 2.4 \times 10^{-12}$ [m] と与えられる．

2　ピンポン球がはじめに床に到達する時刻は

$$y = h - \frac{gt^2}{2} = 0$$

より $t = \sqrt{2h/g}$，そのときの鉛直方向の速度は $\sqrt{2gh}$ である．反発係数が e であるので，鉛直方向の初速度 $e\sqrt{2gh}$（水平方向の速度は v_0）で打ち出された物体の運動を考えると，ピンポン球が最高点に達するまでに要する時間は

$$v_y = e\sqrt{2gh} - gt = 0$$

より $t = e\sqrt{2h/g}$，そのときの高さは he^2 となる．したがって，ピンポン球が水平方向に投げ出されてから再び最高点に達するまでの時間は $\sqrt{2h/g}\,(1+e)$ であり，その間の水平方向の移動距離は $\sqrt{2h/g}\,(1+e)v_0$ となる．床で 1 回弾んで再び最高点に達する度に床から測った高さは e^2 倍になることから，最高点の位置座標 (x_n, y_n) は

$$x_n = \sqrt{\frac{2h}{g}}\,(1+e)\,v_0 \times (1 + e + \cdots + e^{n-1})$$
$$= \sqrt{\frac{2h}{g}}\,(1+e)\,v_0\,\frac{1-e^n}{1-e},$$
$$y_n = he^{2n}$$

となる．

$$x_\infty = \sqrt{\frac{2h}{g}}\,\frac{1+e}{1-e}\,v_0$$

とおけば，$x_n = x_\infty(1 - e^n)$ より

$$y_n = \frac{h(x_\infty - x_n)^2}{x_\infty^2}$$

を得る．したがって，最高点の位置は放物線上にある．ピンポン球が $x = x_\infty$ の位置に達した後は，ピンポン球は床の上を水平に一定の速度 v_0 で運動することになるが，これ

に至るのは $n=\infty$，すなわち床を無限回弾んだ後のこととなる．

3　磁場の方向を z 軸方向にとり，$\boldsymbol{B}=(0,0,B)$ とおくと，運動方程式は

$$m\dot{v}_x = qv_y, \quad m\dot{v}_y = -qBv_x, \quad m\dot{v}_z = 0$$

と与えられる．これより，磁場と平行な z 方向の運動は等速度運動となるので，以下では磁場に垂直な xy 面上の運動のみを考える．運動方程式より

$$\ddot{v}_x = \frac{qB}{m}\,\dot{v}_y = -\left(\frac{qB}{m}\right)^2 v_x,$$
$$\ddot{v}_y = -\frac{qB}{m}\,\dot{v}_x = -\left(\frac{qB}{m}\right)^2 v_y$$

が得られるので，$\dot{x}$, $\dot{y}$ は単振動の方程式を満たす．$t=0$ で $\dot{x}=v_0$, $\dot{y}=0$, $x=y=0$ とすると

$$\dot{x} = v_0\cos\omega t, \quad \dot{y} = -v_0\sin\omega t$$
$$x = \frac{v_0}{\omega}\sin\omega t, \quad y = -\frac{v_0}{\omega}(1-\cos\omega t)$$

が得られる．ここで，$\omega = qB/m$ とおいた．これより，電荷を持った粒子は磁場に垂直な面内で $x^2+(y+r_c)^2=r_c^2$（$r_c = v_0/\omega = mv_0/qB$）の円軌道を描く．磁場は粒子の運動方向に対して垂直な方向にしか力を及ぼさないので，力学的エネルギーは磁場の作用を受けず

$$E = \frac{1}{2}\,mv_0^2 = \frac{1}{2}\,mr_c^2\omega^2$$

の値をとる．一方，円軌道の中心の周りの回転運動の角運動量は

$$\boldsymbol{\ell} = -\frac{mv_0^2}{\omega}(0,0,1)$$

となり，v_0 の正負に関わらず磁場と反対方向を向いている．

第5章

1　振り子の支点（上端）とともに運動する座標系で，質点の座標を (x,y) とおく．ただし，x は水平方向を表し，y は鉛直上向きを正とする．糸の張力を T，糸が鉛直方向となす角を θ とおくと，運動方程式は

$$m\ddot{x} = -T\sin\theta - m\ddot{x}_0, \quad m\ddot{y} = T\cos\theta - mg - m\ddot{y}_0$$

となる．θ 方向の運動方程式は

$$\begin{aligned} m\ell\ddot{\theta} &= m(\cos\theta\ddot{x} + \sin\theta\ddot{y}) \\ &= -mg\sin\theta - m(\cos\theta\ddot{x}_0 + \sin\theta\ddot{y}_0) \\ &\approx -mg\theta - m\ddot{x}_0 - m\ddot{y}_0\theta \end{aligned}$$

となる．特に，$x_0 = a\sin\omega t$（$y_0 = 0$）のときは，$\omega_0 = \sqrt{g/\ell}$ とおいて

$$\ddot{\theta} = -\omega_0^2\theta + \frac{a}{\ell}\,\omega^2\sin\omega t$$

という強制振動の方程式を得る．この一般解は

$$\theta = A\sin(\omega_0 t + \theta_0) + \frac{a}{\ell}\,\frac{\omega^2}{\omega_0^2 - \omega^2}\sin\omega t$$

となる．第2項の強制振動項は，支点を動かす振動数 ω が，振り子の固有の振動数 ω_0 より小さければ（$\omega_0 > \omega$），振り子は支点の振動と位相を合わせて振動するが，そうでなければ振り子の振動は支点の運動と位相が逆になることを表す．

2　物体とともに運動する座標系で見れば，糸が鉛直方向と θ の角をなしたまま物体は静止していると見ることができる．そのとき物体には，鉛直下向きの重力 mg と水平方向に遠心力 $m\ell\sin\theta\omega^2$ がはたらいており，これが糸の張力とつりあって物体は静止している．糸と垂直な方向の力のつりあいの条件

$$mg\sin\theta = m\ell\sin\theta\omega^2\cos\theta$$

より

$$\cos\theta = \frac{g/\ell}{\omega^2}$$

を得る．

3　地球に固定した座標系は，太陽に固定した慣性系に対して角速度 $\boldsymbol{\Omega} = (0, 0, \Omega)$ で回転する回転座標系と考える（地球の公転軌道面は xy 平面）．地球に固定した座標系で角速度 ω で回転するベクトル

$$\boldsymbol{r} = a(\cos\omega t, \sin\omega t, 0)$$

を考える．回転座標系の上では

$$\left(\frac{d^2\boldsymbol{r}}{dt^2}\right)_{\text{回転系}} = -\omega^2\boldsymbol{r}$$

を満たす．一方，慣性座標系での時間変化は，式 (5.17) より

$$\begin{aligned}\left(\frac{d\boldsymbol{r}}{dt}\right)_{\text{慣性系}} &= \left(\frac{d\boldsymbol{r}}{dt}\right)_{\text{回転系}} + \boldsymbol{\Omega}\times\boldsymbol{r}\\ &= a(\omega + \Omega)(-\sin\omega t, \cos\omega t, 0)\end{aligned}$$

となり，もう1回時間微分を施すと

$$\begin{aligned}\left(\frac{d^2\boldsymbol{r}}{dt^2}\right)_{\text{慣性系}} &= -a(\omega + \Omega)^2(\cos\omega t, \sin\omega t, 0)\\ &= -(\omega + \Omega)^2\boldsymbol{r}\end{aligned}$$

が得られる．したがって，慣性座標系で観測される角速度 $\omega+\Omega$ である．公転の周期 $2\pi/\Omega$ は，地球上での自転周期 $2\pi/\omega$ の 365 倍であるとすると，慣性座標系で観測される周期は

$$\frac{2\pi}{\omega+\Omega}=\frac{2\pi}{\omega}\,\frac{\omega}{\omega+\Omega}=\frac{2\pi}{\omega}\times\frac{365}{366}$$

となり，地球の自転を慣性座標系で観測すれば周期は $24\times 365/366$ 時間といえる．

第6章

1 滑車の中心を通る水平面を基準として測った物体の位置を y_1, y_2 とおく．ただし，鉛直下向きを正の方向として測ることとする．ひもの張力を T と書けば，物体の運動方程式は

$$m_1\frac{d^2y_1}{dt^2}=m_1g-T,\quad m_2\frac{d^2y_2}{dt^2}=m_2g-T$$

ひもは伸び縮みしないので，y_1+y_2 は一定となるため

$$\frac{d^2}{dt^2}(y_1+y_2)=2g-\left(\frac{1}{m_1}+\frac{1}{m_2}\right)T=0$$

より

$$T=\frac{2m_1m_2}{m_1+m_2}\,g$$

を得る．これを運動方程式に代入すれば

$$m_1\frac{d^2y_1}{dt^2}=m_1\frac{m_1-m_2}{m_1+m_2}\,g,\quad m_2\frac{d^2y_2}{dt^2}=-m_2\frac{m_1-m_2}{m_1+m_2}\,g$$

となり，重い物体が実効的な重力加速度

$$\left|\frac{m_1-m_2}{m_1+m_2}\right|g$$

で落下することになる．

2 滑車の中心を通る水平面を基準として測った物体の位置を y_1, y_2 とおく．ただし，鉛直下向きを正の方向として測ることとする．糸の張力を T_1, T_2 とおくと

$$m_1\ddot{y}_1=m_1g-T_1,\quad m_2\ddot{y}_2=m_2g-T_2$$

滑車が $\delta\theta$ だけ回転したときの物体の位置の変化はそれぞれ $r_1\delta\theta,\ -r_2\delta\theta$ となるので

$$\frac{\dot{y}_1}{r_1}+\frac{\dot{y}_2}{r_2}=0$$

次に，力学的エネルギーの保存

$$\frac{1}{2}\,m_1\dot{y}_1^2+\frac{1}{2}\,m_2\dot{y}_2^2-m_1gy_1-m_2gy_2=E\quad（一定）$$

より，両辺を時間で微分して

$$m_1\dot{y}_1\ddot{y}_1 + m_2\dot{y}_2\ddot{y}_2 - m_1 g\dot{y}_1 - m_2 g\dot{y}_2 = 0$$

これに $\dot{y}_2 = -(r_2/r_1)\dot{y}_1$ を考慮すれば

$$\ddot{y}_1 = \frac{m_1 r_1 - m_2 r_2}{m_1 r_1^2 + m_2 r_2^2}\, r_1 g, \quad \ddot{y}_2 = -\frac{m_1 r_1 - m_2 r_2}{m_1 r_1^2 + m_2 r_2^2}\, r_2 g$$

を得る．これより

$$T_1 = \frac{m_1 m_2 (r_1 + r_2)}{m_1 r_1^2 + m_2 r_2^2}\, r_2 g, \quad T_2 = \frac{m_1 m_2 (r_1 + r_2)}{m_1 r_1^2 + m_2 r_2^2}\, r_1 g,$$

が得られる．これより $r_1 T_1 = r_2 T_2$ の関係があることがわかる．

3　一端を固定した糸が鉛直方向となす角を θ_1，物体 1 の先に付けた糸が鉛直方向となす角を θ_2 と書くことにする．それぞれの糸の張力を T_1, T_2 とおくと，質点 1, 2 の位置座標をそれぞれ (x_1, y_1), (x_2, y_2)（x 軸を水平方向，y 軸方向を鉛直下向きにとる）とおくと，運動方程式は

$$m\ddot{x}_1 = -T_1 \sin\theta_1 + T_2 \sin\theta_2, \quad m\ddot{y}_1 = mg - T_1 \cos\theta_1 + T_2 \cos\theta_2,$$
$$m\ddot{x}_2 = -T_2 \sin\theta_2 \qquad m\ddot{y}_2 = mg - T_2 \cos\theta_2$$

と与えられる．質点の鉛直方向の運動は無視できるものとして，$\ddot{y}_1 = \ddot{y}_2 = 0$ とおき，さらに θ_1, θ_2 も十分小さく $\cos\theta_1 = \cos\theta_2 \approx 1$ とおくと

$$T_1 = 2mg,$$
$$T_2 = mg$$

とおける．一方，$x_1 = \ell \sin\theta_1$, $x_2 = \ell \sin\theta_2 + x_1$ より，$\sin\theta_1 = x_1/\ell$, $\sin\theta_2 = (x_2 - x_1)/\ell$ を運動方程式に代入して整理すれば

$$\ddot{x}_1 = -3\,\frac{g}{\ell}\, x_1 + \frac{g}{\ell}\, x_2,$$
$$\ddot{x}_2 = \frac{g}{\ell}\, x_1 - \frac{g}{\ell}\, x_2$$

が得られる．x_1, x_2 の時間依存性を $\exp(i\omega t)$ とおいて運動方程式に代入すれば，周波数 ω を決定する方程式

$$\begin{vmatrix} \omega^2 - 3\,\frac{g}{\ell} & \frac{g}{\ell} \\ \frac{g}{\ell} & \omega^2 - \frac{g}{\ell} \end{vmatrix} = 0$$

が得られる．これを解いて

$$\omega^2 = (2 \pm \sqrt{2}\,)\,\frac{g}{\ell}$$

が求まる．複号の + は質点 1, 2 が反対の方向に，− は同じ方向に振れる振動に相当する．

4 式 (6.24) より

$$|\boldsymbol{v}_i'|^2 = |\boldsymbol{v}_i'' + \boldsymbol{\Omega} \times \boldsymbol{r}_i'|^2$$
$$= |\boldsymbol{v}_i''|^2 + 2\boldsymbol{v}_i'' \cdot (\boldsymbol{\Omega} \times \boldsymbol{r}_i') + (\boldsymbol{\Omega} \times \boldsymbol{r}_i') \cdot (\boldsymbol{\Omega} \times \boldsymbol{r}_i')$$

となる．第2項は公式 (A.4) より

$$\boldsymbol{v}_i'' \cdot (\boldsymbol{\Omega} \times \boldsymbol{r}_i') = \boldsymbol{\Omega} \cdot (\boldsymbol{r}_i' \times \boldsymbol{v}_i'')$$

となるが，これは m_i をかけてすべての質点にわたって総和をとれば，式 (6.25) より 0 となる．一方，第3項は公式 (A.4), (A.5) より

$$(\boldsymbol{\Omega} \times \boldsymbol{r}_i') \cdot (\boldsymbol{\Omega} \times \boldsymbol{r}_i') = \boldsymbol{\Omega} \cdot \big(\boldsymbol{r}_i' \times (\boldsymbol{\Omega} \times \boldsymbol{r}_i')\big)$$
$$= \boldsymbol{\Omega} \cdot \big(\boldsymbol{\Omega}(\boldsymbol{r}_i' \cdot \boldsymbol{r}_i') - \boldsymbol{r}_i'(\boldsymbol{r}_i' \cdot \boldsymbol{\Omega})\big)$$

となり，m_i をかけてすべての質点にわたって総和をとれば，慣性テンソルの定義 (6.27) より，式 (6.28) が得られる．

第7章

1 壁に棒を固定した軸の部分では，棒に鉛直上向きに F_1，壁と垂直な方向（右向き）に F_2 の力が加わる．鉛直，水平方向の力のつりあいの条件より

$$F_1 = mg + Mg, \quad F_2 = T$$

一方，軸の周りのモーメントのつりあいの条件より

$$T\cos\theta\, x = mg\sin\theta\,\frac{L}{2} + Mg\sin\theta\, L$$

より

$$T = \frac{L}{x}\tan\theta\left(\frac{m}{2} + M\right)g$$

が得られる．

2 板の面密度を ρ と書く．半径 R の円板の中心 O からくり抜かれた円形領域の中心 O′ へ向かうベクトルを $\boldsymbol{R} = (0, -R/2)$ とする．物体の全質量 M は

$$M = \int_{|\boldsymbol{r}|<R} \rho\, d\boldsymbol{r} - \int_{|\boldsymbol{r}-\boldsymbol{R}|<R/2} \rho\, d\boldsymbol{r}$$
$$= \frac{4\pi}{3}\,\rho R^2$$

である．ここで，$d\boldsymbol{r}$ は微小な面積要素を表し，極座標表示では $r\,dr\,d\theta$ である．重心位置は

$$\boldsymbol{r}_c = \frac{1}{M}\left(\int_{|\boldsymbol{r}|<R} \rho\boldsymbol{r}\,d\boldsymbol{r} - \int_{|\boldsymbol{r}-\boldsymbol{R}|<R/2} \rho\boldsymbol{r}\,d\boldsymbol{r}\right)$$
$$= \left(\frac{1}{6}R, 0\right)$$

となる．点 O を通る軸の周りの慣性モーメントは

$$I = \int_{|\boldsymbol{r}|<R} \rho|\boldsymbol{r}|^2\,d\boldsymbol{r} - \int_{|\boldsymbol{r}-\boldsymbol{R}|<R/2} \rho|\boldsymbol{r}|^2\,d\boldsymbol{r}$$
$$= \frac{7}{24}MR^2$$

と計算される．

3　回転軸周りの慣性モーメント I は式 (7.4) より

$$I = I_0 + Mh^2 = M(h^2 + k_0^2)$$

と与えられる．重心と回転軸を結ぶ直線が鉛直下方となす角を ϕ とおくと，剛体の運動方程式は

$$I\,\frac{d^2\phi}{dt^2} = -Mgh\sin\phi$$

となる．微小な振動であるので ϕ は十分に小さいとみなして $\sin\phi \approx \phi$ とすれば，単振動の運動方程式

$$\ddot{\phi} = -\frac{Mgh}{I}\,\phi$$

を得る．この単振動の周期は

$$T = 2\pi\sqrt{\frac{I}{Mgh}} = 2\pi\sqrt{\frac{h^2+k_0^2}{gh}}$$

と与えられる．これは，$h = k_0$ のときに最小となる．

4　滑車の中心を通る水平面を基準として測った物体の位置を y_1, y_2，滑車の回転角を θ とおく．糸の張力を T_1, T_2 とおくと，y_1, y_2 に対する運動方程式

$$m_1\ddot{y}_1 = m_1 g - T_1, \quad m_2\ddot{y}_2 = m_2 g - T_2$$

に加えて，滑車の回転に対する運動方程式

$$I\ddot{\theta} = T_1 r_1 - T_2 r_2$$

が与えられる．糸は滑らないとして $\dot{y}_1 = r_1\dot{\theta}$, $\dot{y}_2 = -r_2\dot{\theta}$ に注意すれば

$$T_1 = m_1(g - r_1\ddot{\theta}), \quad T_2 = m_2(g + r_2\ddot{\theta})$$

が得られる．これを滑車の運動方程式に代入すれば

$$\ddot{\theta} = \frac{m_1 r_1 - m_2 r_2}{I + m_1 r_1^2 + m_2 r_2^2}\, g$$

が得られる．これを使って，張力は

$$T_1 = \frac{I + m_2 r_2 (r_1 + r_2)}{I + m_1 r_1^2 + m_2 r_2^2}\, m_1 g, \quad T_2 = \frac{I + m_1 r_1 (r_1 + r_2)}{I + m_1 r_1^2 + m_2 r_2^2}\, m_2 g$$

と与えられる．このときの力学的エネルギーの保存は

$$\frac{1}{2}\, m_1 \dot{y}_1^2 + \frac{1}{2}\, m_2 \dot{y}_2^2 + \frac{1}{2}\, I \dot{\theta}^2 - m_1 g y_1 - m_2 g y_2 = E \quad (\text{一定})$$

となることに注意.

5 (1) 水平方向の重心座標を X，鉛直方向の重心座標を Y，球の回転角を ϕ，球の慣性モーメントを I とおくと

$$M\ddot{X} = F,$$
$$M\ddot{Y} = N - Mg,$$
$$I\ddot{\phi} = -Fa$$

F の向きを水平方向の重心運動を加速する方向にとった場合は，回転運動を減らす方向のモーメントを与えていることに注意せよ．

(2) 鉛直方向の球の位置は変わらないので，$N = Mg$．摩擦力は動摩擦係数を使って，$F = \mu' N = \mu' Mg$ と与えられる．球の滑りの速さを $v = \dot{X} - a\dot{\phi}$ とおくと

$$\dot{v} = \frac{1}{M}\, F + \frac{a^2}{I}\, F$$

球の慣性モーメント $2Ma^2/5$ を考慮すれば

$$\dot{v} = \frac{7}{2}\, \mu' g$$

初期角速度 ω_0 を考慮して

$$v = -a\omega_0 + \frac{7}{2}\, \mu' g t$$

が得られる．これより，滑りの速さは球が転がらずに滑っている状態である $v = -a\omega_0$ から次第に増加し

$$t = t_1 \equiv \frac{2a\omega_0}{7\mu' g}$$

において $v = 0$ となる．これ以後は，球は滑らずに一定の重心速度で転がっていく．その重心運動の速度は

$$\dot{X} = \mu' g t$$

に $t = t_1$ を代入して，$2a\omega_0/7$ となる．

6　衝撃力を加えたことにより球が重心速度 V，角速度 ω を獲得するとすると

$$MV = F\Delta t,$$
$$I\omega = F(h-a)\Delta t$$

両式から力積 $F\Delta t$ を消去して，球の慣性モーメント $I = 2Ma^2/5$ を代入すれば，

$$a\omega = \frac{5}{2}V\left(\frac{h}{a}-1\right)$$

を得る．滑りの速さ $V - a\omega = 0$ とおけば

$$h = \frac{7}{5}a$$

すなわち，球の中心より $2a/5$ だけ上に力を加えれば，球は滑ることなく転がり始めるといえる．

第8章

1　惑星（質量 m）の運動は平面内に限られることを認めて，惑星の位置を平面上の極座標 (r,θ) で表すこととする．惑星の速度の動径方向の成分は $\dot{r}$，角度方向の成分は $r\dot{\theta}$ であることに注意すれば，運動エネルギーは

$$K = \frac{1}{2}m(\dot{r}^2 + r^2\dot{\theta}^2)$$

と与えられる．太陽のつくる重力場のポテンシャルエネルギーは

$$U = -\frac{GMm}{r}$$

と与えられる．ここで，M は原点に置かれた太陽の質量，G は万有引力定数である．これより，ラグランジアンは

$$\mathcal{L} = \frac{1}{2}m(\dot{r}^2 + r^2\dot{\theta}^2) + \frac{GMm}{r}$$

と与えられる．ラグランジュの方程式は

$$\frac{d}{dt}\left(\frac{\partial\mathcal{L}}{\partial\dot{r}}\right) - \frac{\partial\mathcal{L}}{\partial r} = \frac{d}{dt}(m\dot{r}) - mr\dot{\theta}^2 + \frac{GMm}{r^2} = 0,$$
$$\frac{d}{dt}\left(\frac{\partial\mathcal{L}}{\partial\dot{\theta}}\right) - \frac{\partial\mathcal{L}}{\partial\theta} = \frac{d}{dt}(mr^2\dot{\theta}) = 0$$

となる．第2式は角運動量の保存則に他ならない．

2　問題1で導いたラグランジアンより，一般化運動量は

$$p_r = m\dot{r},$$
$$p_\theta = mr^2\dot{\theta}$$

となる．これよりハミルトニアンは

$$\mathcal{H} = \frac{1}{2m}\left(p_r^2 + \frac{1}{r^2}\,p_\theta^2\right) - \frac{GMm}{r}$$

となる．ハミルトンの正準方程式より

$$\frac{\partial\mathcal{H}}{\partial p_r} = \dot{r} \quad \Rightarrow \quad p_r = m\dot{r},$$

$$\frac{\partial\mathcal{H}}{\partial r} = -\dot{p}_r \quad \Rightarrow \quad \dot{p}_r = \frac{1}{mr^3}\,p_\theta^2 - \frac{GMm}{r^2},$$

$$\frac{\partial\mathcal{H}}{\partial p_\theta} = \dot{\theta} \quad \Rightarrow \quad p_\theta = mr^2\dot{\theta},$$

$$\frac{\partial\mathcal{H}}{\partial \theta} = -\dot{p}_\theta \quad \Rightarrow \quad \dot{p}_\theta = 0$$

が得られる．

3　荷電粒子のラグランジアンは

$$\mathcal{L} = \frac{1}{2}\,m|\dot{\boldsymbol{r}}|^2 - U$$

と与えられる．ここで

$$\frac{d}{dt}\left(\frac{\partial U}{\partial \dot{r}_i}\right) - \frac{\partial U}{\partial r_i} = -e\left(\frac{dA_i}{dt} + \frac{\partial \phi}{\partial x_i} - \frac{\partial \boldsymbol{A}}{\partial x_i}\cdot\dot{\boldsymbol{r}}\right)$$

で

$$\frac{dA_i}{dt} = \frac{\partial A_i}{\partial t} + \sum_j \frac{\partial A_i}{\partial x_j}\,\dot{x}_j$$

に注意すれば，運動方程式

$$m\ddot{\boldsymbol{r}} = e\,(\boldsymbol{E} + \dot{\boldsymbol{r}} \times \boldsymbol{B})$$

を得る．ハミルトニアンは，一般化された運動量が

$$p_i = \frac{\partial \mathcal{L}}{\partial \dot{x}_i} = m\dot{x}_i + eA_i$$

となることに注意すれば

$$\mathcal{H} = \sum_i p_i\dot{x}_i - \mathcal{L} = \frac{1}{2m}\,|\boldsymbol{p} - e\boldsymbol{A}|^2 + e\phi$$

が得られる．

4　運動エネルギーは

$$K = \frac{1}{2}\,I_1(\omega_1^2 + \omega_2^2) + \frac{1}{2}\,I_3\omega_3^2$$

式 (7.26) を用いれば

$$K = \frac{1}{2}\,I_1(\dot{\theta}^2 + \dot{\phi}^2\sin^2\theta) + \frac{1}{2}\,I_3(\dot{\psi} + \dot{\phi}\cos\theta)^2$$

が得られる．一方，机上の支点から測った重心の高さは $h\cos\theta$ であるのでポテンシャルエネルギーは

$$U = Mgh\cos\theta$$

と与えられる．ラグランジアン $\mathcal{L} = K - U$ を使って，一般化運動量

$$p_\theta = \frac{\partial \mathcal{L}}{\partial \dot{\theta}} = I_1\dot{\theta},$$
$$p_\phi = \frac{\partial \mathcal{L}}{\partial \dot{\phi}} = I_1\dot{\phi}\sin^2\theta + I_3\cos\theta(\dot{\psi} + \dot{\phi}\cos\theta),$$
$$p_\psi = \frac{\partial \mathcal{L}}{\partial \dot{\psi}} = I_3(\dot{\psi} + \dot{\phi}\cos\theta)$$

を得る．これより，ハミルトニアンは

$$\begin{aligned}\mathcal{H} &= p_\theta\dot{\theta} + p_\phi\dot{\phi} + p_\psi\dot{\psi} - \mathcal{L} \\ &= \frac{1}{2I_1}\left\{p_\theta + \frac{(p_\phi - p_\psi\cos\theta)^2}{\sin^2\theta}\right\} + \frac{1}{2I_3}\,p_\psi^2 + Mgh\cos\theta\end{aligned}$$

と与えられる．ハミルトニアンに ϕ と ψ があらわに含まれないので，ハミルトンの正準方程式

$$\dot{p}_\phi = -\frac{\partial \mathcal{H}}{\partial \phi} = 0,$$
$$\dot{p}_\psi = -\frac{\partial \mathcal{H}}{\partial \psi} = 0$$

より，p_ϕ と p_ψ が時間に依らず一定の値をとる保存量であることがわかる．これらは7.4節で議論した保存量 L_z, $I_3\omega_3$ に他ならない．

第9章

1　1辺がそれぞれ δx, δy, δz の直方体を考える．$x = 0$, $x = \delta x$ の面 $\delta y\,\delta z$ にそれぞれずれ応力 τ_{xy}, $\tau_{xy} + \frac{\partial \tau_{xy}}{\partial x}\,\delta x$ が，$y = 0$, $y = \delta y$ の面 $\delta z\,\delta x$ にそれぞれずれ応力 τ_{yx}, $\tau_{yx} + \frac{\partial \tau_{yx}}{\partial y}\,\delta y$ が働いているとする．弾性体が回転しないという条件から，この直方体の重心を貫く z 軸に平行な軸の周りのモーメントは0でなくてはならない．これを式で表すと

$$\begin{aligned}&\left(\tau_{xy} + \frac{\partial \tau_{xy}}{\partial x}\,\delta x\right)\delta y\,\delta z \times \frac{\delta x}{2} + \tau_{xy}\,\delta y\,\delta z \times \frac{\delta x}{2} \\ &\quad - \left(\tau_{yx} + \frac{\partial \tau_{yx}}{\partial y}\,\delta y\right)\delta x\,\delta z \times \frac{\delta y}{2} - \tau_{yx}\,\delta x\,\delta z \times \frac{\delta y}{2} = 0\end{aligned}$$

上の式を $\delta x\,\delta y\,\delta z$ で割り，さらに δx, δy, $\delta z \to 0$ の極限をとれば

$$\tau_{xy} = \tau_{yx}$$

を得る．

2　z 軸方向に置かれた棒の，z 軸方向への単純な引っ張りを考える．このとき，z 軸方向の（断面の）単位面積当たりの力を p とすると

$$\sigma_{xx} = 0, \quad \sigma_{yy} = 0, \quad \sigma_{zz} = p$$

である．応力–歪の関係式は

$$\begin{aligned} p &= (2\mu + \lambda)u_{xx} + \lambda u_{yy} + \lambda u_{zz}, \\ 0 &= (2\mu + \lambda)u_{yy} + \lambda u_{zz} + \lambda u_{xx}, \\ 0 &= (2\mu + \lambda)u_{zz} + \lambda u_{xx} + \lambda u_{yy} \end{aligned}$$

である．$u_{yy} = u_{zz}$ であるから

$$\begin{aligned} u_{xx} &= \frac{\lambda + \mu}{\mu(3\lambda + 2\mu)}\, p, \\ u_{yy} = u_{zz} &= \frac{\lambda}{2\mu(3\lambda + 2\mu)}\, p \end{aligned}$$

となる．これから

$$\begin{aligned} E &= \frac{p}{u_{xx}} = \frac{\mu(3\lambda + 2\mu)}{\lambda + \mu}, \\ \nu &= -\frac{u_{yy}}{u_{xx}} = \frac{\lambda}{2(\lambda + \mu)} \end{aligned}$$

を得る．

3　無限に広い一様弾性体で伝搬する波は，進行方向が x 軸方向である平面波とする．式 (9.50) から

$$\begin{aligned} \rho\,\frac{\partial^2 u}{\partial t^2} &= (\lambda + 2\mu)\,\frac{\partial^2 u}{\partial x^2}, \\ \rho\,\frac{\partial^2 v}{\partial t^2} &= \mu\,\frac{\partial^2 v}{\partial x^2}, \\ \rho\,\frac{\partial^2 w}{\partial t^2} &= \mu\,\frac{\partial^2 w}{\partial x^2} \end{aligned}$$

である．これらはいずれも 1 次元の波で，変位の方向が伝搬方向と同一である波（縦波）の速度は（$v = w = 0$）

$$c_\ell = \sqrt{\frac{\lambda + 2\mu}{\rho}}$$

変位の方向が伝搬方向と垂直である波（横波）の速度は（$u = w = 0$ または $u = v = 0$

として)

$$c_t = \sqrt{\frac{\mu}{\rho}}$$

であることが分かる．ヤング率 E，ポアソン比 ν でラメの定数を表せば

$$\lambda = \frac{\nu E}{(1+\nu)(1-2\nu)},$$

$$\nu = \frac{E}{2(1+\nu)}$$

である．後は表 9.1 より数値を得て，これらの式に代入すれば具体的な弾性波の速度の値が求められる．

4　弾性棒の歪は $\Delta L/L$ となるので，それぞれの弾性棒の中に生ずる応力 σ_1，σ_2 は

$$\sigma_1 = E_1 \frac{\Delta L}{L},$$

$$\sigma_2 = E_2 \frac{\Delta L}{L}$$

と与えられる．全体を押す力と弾性棒の応力がつりあうので

$$F = A_1\sigma_1 + A_2\sigma_2$$

$\sigma_1/E_1 = \sigma_2/E_2$ に注意すれば

$$\sigma_1 = \frac{E_1 F}{A_1E_1 + A_2E_2}$$

が得られる．これより

$$\Delta L = \frac{FL}{A_1E_1 + A_2E_2}$$

が得られる．

5　弾性棒と水平線がなす角を θ とおくと，弾性棒にはたらく張力 T は，点 C におけるつりあいの条件より

$$2T\sin\theta = F$$

を満たす．したがって弾性棒の伸びを $\Delta\ell$ とおくと

$$\frac{T}{A} = E\,\frac{\Delta\ell}{\ell}$$

点 C の変位を x とすれば $x\sin\theta = \Delta\ell$ より

$$x = \frac{F\ell}{2EA\sin^2\theta}$$

が得られる．

第10章

1　問題文の式の右辺は

$$\int_S \boldsymbol{T}\cdot\boldsymbol{n}\,dS = \sum_j \int_S T_{ij}n_j\,dS = \int_S \sum_j (T_{ij}n_j)\,dS$$

$\sum_j (T_{ij}n_j) = (\boldsymbol{T}\cdot\boldsymbol{n})_i$ であるから発散定理により

$$\int_S \sum_j (T_{ij}n_j)\,dS = \int_S (\boldsymbol{T}\cdot\boldsymbol{n})_i\,dS = \int_v \left(\sum_j \nabla_j T_{ij}\right) dv = \int_v (\operatorname{div}\boldsymbol{T})_i\,dv$$

となる．

2　式 (10.29) に式 (10.19) を代入すると

$$(\operatorname{div}\boldsymbol{T})_i = \sum_j \nabla_j T_{ij} = -\sum_j \nabla_j p\,\delta_{ij} + \lambda \sum_j \nabla_j \left(\sum_k \frac{\partial u_k}{\partial x_k}\right)\delta_{ij} + 2\mu \sum_j \frac{\partial e_{ij}}{\partial x_j}$$

となる．

$$e_{ij} = \frac{1}{2}\left(\frac{\partial u_j}{\partial x_i} + \frac{\partial u_i}{\partial x_j}\right)$$

などを用いて，これを整理すれば

$$(\operatorname{div}\boldsymbol{T})_j = -(\nabla p)_i + (\lambda+\mu)\{\nabla(\operatorname{div}\boldsymbol{u})\}_i + \mu(\Delta\boldsymbol{u})_i$$

となり，式 (10.31) を得る．

3　$\boldsymbol{v}, \boldsymbol{T}_n$ はベクトルであるから，$\boldsymbol{v}\cdot\boldsymbol{T}_n$ はベクトルの内積として定義されている．$\boldsymbol{T}_n$ をテンソル $\boldsymbol{T}$ とベクトル $\boldsymbol{n}$ の積の形であからさまに書けば

$$\boldsymbol{T}_n = \boldsymbol{T}\cdot\boldsymbol{n}$$

と書かれる．これに左からベクトル $\boldsymbol{v}$ を掛けるときには，$\boldsymbol{v}$ を横ベクトル $\boldsymbol{v}^{\mathrm{t}}$ と書いて，$\boldsymbol{v}^{\mathrm{t}}\cdot\boldsymbol{T}\cdot\boldsymbol{n}$ と書かれる．あるいは

$$\boldsymbol{v}^{\mathrm{t}}\cdot\boldsymbol{T}\cdot\boldsymbol{n} = (\boldsymbol{v}^{\mathrm{t}}\cdot\boldsymbol{T})\cdot\boldsymbol{n}$$

と書き直せば，後は問題 1 と同様である．

4

$$\frac{D}{Dt'} = \frac{L}{U} \cdot \frac{D}{Dt}$$

$$\nabla' = L\nabla$$

$$\Delta' = L^2\Delta$$

が成り立つ．これから，式 (10.50) が導かれる．

索　引

あ 行

か 行

さ　行

た　行

な　行

は 行

ま 行

や 行

ら 行

著者略歴

石井　靖（いしい　やすし）

1981年　東京大学大学院工学系研究科博士課程退学
現　在　中央大学理工学部物理学科教授・工学博士

主要著書

“Quasicrystals”（共編，Elsevier，2007），工科系 大学物理学への基礎（数理工学社，2006），新しいクラスターの科学（共著，講談社サイエンティフィク，2002），LSDA and Self-Interaction Correction（共著，Gordon & Breach，2000）

藤原毅夫（ふじわら　たけお）

1970年　東京大学大学院工学系研究科博士課程退学
現　在　東京大学大学総合教育研究センター特任教授・工学博士

主要著書

固体電子構造論（内田老鶴圃，2015），工学基礎 物性物理学（数理工学社，2009），“Quasicrystals”（共編，Elsevier，2007），演習量子力学［新訂版］（共著，サイエンス社，2002），大学院物性物理3（共著，講談社，1997），常微分方程式（共著，東京大学出版会，1981）

新・工科系の物理学＝TKP–2

工学基礎 力学

2016年9月25日©　　初版発行

著　者　石井　靖　　発行者　矢沢和俊
　　　　藤原毅夫　　印刷者　大道成則
　　　　　　　　　　製本者　米良孝司

【発行】　株式会社　数理工学社

〒151-0051　東京都渋谷区千駄ヶ谷1丁目3番25号
編集　☎(03)5474–8661（代）　サイエンスビル

【発売】　株式会社　サイエンス社

〒151-0051　東京都渋谷区千駄ヶ谷1丁目3番25号
営業　☎(03)5474–8500（代）　振替 00170–7–2387
FAX　☎(03)5474–8900

印刷　太洋社　　製本　ブックアート

《検印省略》

ISBN978–4–86481–042–5

PRINTED IN JAPAN

サイエンス社・数理工学社のホームページのご案内
http://www.saiensu.co.jp
ご意見・ご要望は
suuri@saiensu.co.jp　まで．